連鎖加盟業

不可不知的

法律風險

編著 ——— 可道律師事務所

目次

第四部／勞資

附錄

前言

　　加盟，是指個別加盟者統一藉由加盟總部之指導、監督，同時與加盟總部合作以擴大品牌之影響力，由雙方共同經營同一品牌的運營模式。從而，加盟關係中，即同時蘊含「合作」之平行關係及「監督」之上下關係。

　　詳言之，加盟總部透過吸引加盟者加盟的方式，擴張其商業活動的範圍，以創造更高的經濟收益；同時，加盟者利用加盟總部既有之品牌、名譽及企業經營模式，減少創業時可能遭遇的風險、錯誤。因此，加盟總部及加盟者之間，某程度上可說是互相各取所需，共同合作以達到經濟上最大利益。然而，加盟總部為維護既有品牌之名譽、形象，於加盟契約中，同時也會要求加盟者應依循加盟總部所設立之規定，諸如商標利用、店內裝潢、職員訓練、帳冊管理、進貨來源、最低進貨量等限制，另為維護其他加盟者之運營，亦會在契約中約定競業禁止約款、保密條款等約定，故加盟者在加盟關係中，雖說是與加盟總部互利互惠，但實質上多會居於較為弱勢之法律上地位。

　　觀諸我國《民法》，並未就「加盟契約」設有專節規定，因此，加盟總部及加盟者間之權利義務歸屬，即相當有賴於加

盟契約約款之預先擬定及安排，以劃定雙方之法律上風險，並於發生紛爭或涉訟時有所憑據。本書旨在帶領讀者初窺加盟契約之法律關係中，較常見之民事、刑事、行政及勞資法律問題，以祈讀者未來面臨加盟之法律問題時，事前能夠未雨綢繆，事發時也可臨危不亂，知曉自身權益之利害關係。

同時，本書也叮嚀讀者，關於加盟之法律關係，事前加盟契約之擬定可說是首要之重，同時影響履約過程中之權利義務及未來涉訟時法院的判斷，因此事前擬約更有受法律顧問或律師專業協助之必要，於此提醒讀者遇到加盟事務時，務必預先諮詢律師，俾保自身權益。

有鑑於書中的「法律見解」段落係引用法院判決，為維護原文的參考價值，除當事人化名外，不另修潤，悉數照登，如有字眼爭議或原文本身的誤失，敬請諒察。接下來，就由本書偕同讀者共同探討加盟所涉及之相關法律問題！

第一部

民事責任

法院如何認定加盟契約？
加盟契約於法律上的定性為何？

【本案例為本書自擬】

　　小林辛苦工作多年，存了一筆錢想用來投資或做生意，剛好他家巷口的雞排店正在開放加盟，小林也對餐飲行業有興趣，便向雞排店的加盟總部詢問加盟條件後，簽訂加盟契約。加盟契約內容包含：「加盟總部應向加盟者提供醃好的雞排」。

　　起初，加盟總部與小林間的契約履行均相當順利，小林的加盟店業績也持續上升。然而，之後小林向加盟總部進貨時，雞排都是沒醃過的，和總部賣的味道不一樣，讓小林覺得自己吃虧了，小林即向法院請求命加盟總部依約提供醃製的雞排。

問題意識
　　小林與雞排加盟總部間加盟契約的定性為何？小林如何主張權利？

法院見解：加盟契約之定性，並非僅依契約名稱，尚須依契約內容、雙方權利義務等認定，並可能適用、類推適用《民法》各編之有名契約。

法律見解：

　　按基於私法自治及契約自由原則，當事人得自行決定契約之種類及內容，以形成其所欲發生之權利義務關係。倘當事人所訂定之契約，其性質究係屬成文法典所預設之契約類型（民法各種之債或其他法律所規定之有名契約），或為法律所未規定之契約種類（非典型契約，包含純粹之無名契約與混合契約）有所不明，致造成法規適用上之疑義時，法院即應為契約之定性（辨識或識別），將契約內容或待決之法律關係套入典型契約之法規範，以檢視其是否與法規範構成要件之連結對象相符，進而確定其契約之屬性，俾選擇適當之法規適用，以解決當事人間之紛爭。

本案分析：

　　契約應如何定性，究竟屬於買賣、加盟或其他類型的契約，由法院依個案之具體情事認定，並非僅以契約上所載名稱為判斷標準。「加盟」之商業模式，《民法》中並未明文規範加盟總部與加盟者之間的權利義務關係。因

此，加盟總部與加盟者之間所簽訂的「加盟契約」，關於雙方的權利義務關係是否、如何適用於《民法》的有名契約，即須以「契約內容」加以定性契約種類，並適用或類推適用已有的法律規定。

在本案例中，小林與加盟總部若是僅約定「加盟總部每個月提供醃好的雞排一百份給加盟者」，此約定亦類似《民法》中「買賣契約」法律關係，並適用相關規定。加盟總部若未每個月按時提供小林醃好的雞排，即屬交付不符合契約約定的有瑕疵之物，小林應可適用或類推適用《民法》中關於買賣瑕疵擔保的規定，依《民法》第364條請求加盟總部交付已醃好的雞排；若加盟總部每個月給付不足一百份，則小林另可再依《民法》第227條及第231條給付遲延之規定，請求對方賠償因遲延所生之損害。

律師提醒

科技與交易模式日新月異，法律規範更新的速度亦難以跟上社會的進程。像加盟這樣法律未明文規範的法律關係，其所定之契約雖無《民法》專章可適用，但加盟契約中之各項約定，依其內容、性質等，仍有可能適用或類推適用像是買賣、僱傭、借貸等規定，有些契約內容也不是雙方講好，就可以有

效成立，仍應合於《民法》的一般原則，關於此可參考其他篇章。律師要提醒的是，擬定合約本身有許多法律層面的事項要注意，為了避免擬定無效的契約、簽訂對自己不利的契約內容，事前都可以先和律師討論，共同擬定對加盟總部最有保障的加盟契約、審視加盟契約是否對加盟者過苛，避免後續加盟期間雙方產生法律爭議。

加盟契約是否可以依《民法》委任之規定任意終止？

【本案例改編自臺灣新北地方法院108年度訴字第1043號民事判決】

　　小沈於107年3月12日加盟經營嬰幼兒副食品生產、販售業務之「寶寶公司」。加盟契約其中第1條約定：「乙方（即小沈）加盟甲方（即寶寶公司）事業之經營型態，係以銷售甲方商品為主之模式。甲方同意在乙方確遵本合約所定一切條款下，授權乙方使用甲方「寶寶公司」之商標、企業識別系統（C.I.S）及其他表示營業象徵有關之著作物、圖案、標識、標籤等，以經營三重加盟店，甲乙雙方可共享寶寶公司品牌、新品研發之使用，並共同維護寶寶公司品牌形象。」；第2條約定：「為維護加盟企業形象之一致性及商譽，並提供消費者一貫之服務品質，乙方同意委由甲方代為辦理營業場址外觀、內部陳設之設計施工，及採購訂製門市銷售作業所需之設備、物料及耗材。」、第10條約定：「本合約自簽立時生效，有效期間

為 七 年（民 國107年2月1日起至民 國114年1月31日止）……」等內容。

然而，小沈在加盟店正式營運後，於107年7月、8月均無獲利，因此不願配合寶寶公司於同年9月推出之折扣活動。雙方因上開事宜致互信基礎產生裂痕，小沈遂於107年11月23日寄發存證信函予寶寶公司以終止加盟契約。

問題意識

加盟契約的性質為何？是否可以終止？

法院見解：本案加盟契約兼具委任、智慧財產權授權及承攬契約之性質，可以類推適用《民法》委任之規定而任意終止。

法律見解：

查兩造於107年3月12日簽訂「○○寶寶○○區門市」加盟合約書，其中第1條約定：「乙方加盟甲方事業之經營型態，係以銷售甲方商品為主之模式。甲方同意在乙方確遵本合約所定一切條款下，授權乙方使用甲方『○○寶寶』之商標、企業識別系統（C.I.S）及其他表示營業象徵有關之著作物、圖案、標識、標籤等（註冊商

標第0000000號、註冊商標第00000000號、註冊商標第00000000號），以經營三重加盟店，甲乙雙方可共享○○寶寶品牌、新品研發之使用，並共同維護○○寶寶品牌形象。」、第2條約定：「為維護加盟企業形象之一致性及商譽，並提供消費者一貫之服務品質，乙方同意委由甲方代為辦理營業場址外觀、內部陳設之設計施工，及採購訂製門市銷售作業所需之設備、物料及耗材。」、第10條約定：「本合約自簽立時生效，有效期間為七年（民國107年2月1日起至民國114年1月31日止）…」等內容，足見兩造所成立之系爭加盟契約兼具有委任、智慧財產權授權及承攬契約之性質，且合約有效期間為7年。…(2)另原告主張系爭加盟合約應具委任契約之性質，得類推適用委任契約之規定終止系爭加盟合約等語。按民法第549條第1項規定：「當事人之任何一方得隨時終止委任契約。」，承前所述，兩造所定系爭加盟合約為無名契約，具有委任、智慧財產權授權及承攬之性質，故應得類推適用民法第549條第1項之規定，得隨時終止，此要與被告是否具有可歸責之事由無涉，則原告於107年11月23日以存證信函向被告所為自107年12月1日起終止系爭加盟合約之意思表示，既已於107年11月26日送達被告，有存證信函及傳真查詢國內各類掛號郵件查單可稽（見本院卷第319-333頁、第25頁），是堪認雙方之加盟契約已生合法

終止之效力。

本案分析：

加盟契約在《民法》上係無名契約，而法院對於加盟契約的詮釋為：「按加盟契約在我國民法現行條文中並無明文，乃屬無名契約，性質上屬於多種類型結合契約，而參諸公平交易委員會對於加盟業主經營行為案件之處理原則（下稱加盟處理原則）第2點之規定，所謂加盟業主，指在加盟經營關係中提供商標或經營技術等授權，協助或指導加盟店經營，並收取加盟店支付對價之事業；所謂加盟店，指在加盟經營關係中，使用加盟業主提供之商標或經營技術等，並接受加盟業主協助或指導，對加盟業主支付一定對價之他事業；所謂加盟經營關係，指加盟業主透過契約之方式，將商標或經營技術等授權加盟店使用，並協助或指導加盟店之經營，而加盟店對此支付一定對價之繼續性關係。但不包括單純以相當或低於批發價購買商品或服務再為轉售或出租等情形；所謂支付一定對價，指加盟店為締結加盟經營關係，所支付予加盟業主或其指定之人之加盟金、權利金、教育訓練費、購買商品、原物料、資本設備、裝潢工程等相關費用。」

雖然加盟契約為無名契約，但在本案例中，法院認定本案之加盟契約於性質上兼具委任、智慧財產權授權及承

攬契約之性質。因此，依《民法》中關於委任契約之規定，寶寶公司得隨時終止委任契約，而寶寶公司既已依存證信函向小沈終止加盟契約，核屬有效。

律師提醒

加盟契約並非《民法》中之有名契約，而屬無名契約。並且，加盟契約於性質上，係屬兼具多種契約特色之結合契約，應具體認定是否兼具委任、承攬、智慧財產授權等性質。若具有委任性質，即得類推適用《民法》委任契約之相關規定，如《民法》第549條規定：「當事人之任何一方得隨時終止委任契約。」且本條之終止，與加盟總部或加盟者可否歸責無涉，縱使加盟總部有錯在先，然應加盟總部為委任人，即可隨時依《民法》第549條行使終止權。

加盟契約之條款內容，將影響日後法院對契約的定性、解釋等問題。因此，在磋商過程中，建議加盟總部或加盟者先將加盟契約交由律師審閱，由律師適度地預測加盟契約於未來涉訟時，可能面臨的有利、不利情形，使加盟總部及加盟者得就涉訟之風險預先掌握，並得以及時止損。

加盟總部提供「制式」加盟契約予加盟者，是否有《民法》中定型化契約條款相關規定之適用？

【本案例改編自臺灣高等法院高雄分院106年度上易字第148號民事判決】

　　小李加盟陳老闆經營的茶娘娘飲品店，約定小李應給付加盟金一百三十萬元及保證金十萬元；且小李應於繳交保證金後六個月內自行租賃店面；如未於繳交保證金後六個月內尋得店面，則加盟契約即終止，陳老闆亦無須返還小李加盟金。而陳老闆須提供小李關於經營管理之技術、輔導小李營業、為小李採購店內器具及支付裝潢費用等。現在小李已支付加盟金九十萬元與保證金十萬元予陳老闆，尚餘加盟金四十萬元仍未給付。

　　嗣後，陳老闆認為小李的泡茶技術未到位、聘僱人員不足等，而未依照該加盟契約替小李採購店內器具等；且小李也未能於繳交保證金後六個月內租賃到適合開店之店面，故加盟契

約已經終止，陳老闆依上開約定也未返還小李已經支付的加盟金九十萬元及保證金十萬元。

然而，小李認為陳老闆應返還其已支付之加盟金九十萬元，遂向法院主張該加盟契約為「定型化契約」，且上開約定屬於《民法》第247條之1第1款、第4款「免除或減輕預定契約條款之當事人之責任者」、「其他於他方當事人有重大不利益者」之情形，應屬「顯失公平」而無效。

問題意識

本案例之加盟契約是否屬於定型化契約？該加盟契約的約定是否符合《民法》第247條之1之「顯失公平」？法院如何認定陳老闆應返還的金額？

法院見解：陳老闆與其他加盟者簽訂之加盟契約，其格式、條款均與陳老闆、小李所簽訂之加盟契約大致相同，屬於定型化契約；且本案例之契約內容顯失公平，故判決陳老闆敗訴。

法律見解：

按依照當事人一方預定用於同類契約之條款而訂定之契約，如有免除或減輕預定契約條款之當事人之責任，或

其他於他方當事人有重大不利益之約定，按其情形顯失公平者，該部分約定無效。民法第247條之1第1款、第4款定有明文。次按定型化契約，係依照當事人一方預定用於同類契約之條款而訂定之契約（最高法院78年度台上字第2557號裁判要旨參照）；民法第247條之1第1款規定，依照當事人一方預定用於同類契約之條款而訂定之契約，為左列各款之約定，按其情形顯失公平者，該部分約定無效：免除或減輕預定契約條款之當事人之責任者。所稱「免除或減輕預定契約條款之當事人之責任者」，係指一方預定之該契約條款，為他方所不及知或無磋商變更之餘地，始足當之。所謂「按其情形顯失公平者」，則係指依契約本質所生之主要權利義務，或按法律規定加以綜合判斷，有顯失公平之情形而言（最高法院102年度台上字第2017號裁判要旨參照）；定型化契約應受衡平原則限制，係指締約之一方之契約條款已預先擬定，他方僅能依該條款訂立契約，否則，即受不締約之不利益，始應適用衡平原則之法理，以排除不公平之「單方利益條款」，避免居於經濟弱勢之一方無締約之可能，而忍受不締約之不利益，是縱他方接受該條款而締約，亦應認違反衡平原則而無效，俾符平等互惠原則（最高法院96年度台上字第1246號事裁判要旨參照）。

本案分析：

1. 本案例之加盟契約屬於定型化契約：

法院參酌陳老闆與另一加盟者小黃簽訂之加盟契約，並傳喚小黃為證人，認定陳老闆、小黃的加盟契約與陳老闆、小李的加盟契約，格式或條款均大致相同；且法院亦傳喚為陳老闆擬訂加盟契約的律師，證明上開兩份契約確實大致相互沿用，陳老闆並沒有增刪或修改。因此，足見本案之加盟契約確實為陳老闆預定使用於加盟契約條款而擬訂之契約，屬定型化契約，有《民法》第247條之1規定之適用。

2. 陳老闆、小李簽訂的加盟契約約定，構成《民法》第247條之1的「顯失公平」而無效：

法院審酌該條款僅約定如小李六個月內仍無法完成所屬店面租賃或所屬地址確認程序時，加盟契約即自動終止，陳老闆一概無須返還被小李給付之加盟金，該條款未考量兩造履約程度，亦不問小李無法完成店面租賃或店址確認程序之背後原因，故該條款之約定使小李蒙受重大不利益並顯失公平，依《民法》第247條之1第4款規定，應屬無效。

3. 陳老闆應返還小李六十五萬元：

（1）該加盟契約僅約定，小李應給付加盟金一百三十萬元，陳老闆則提供經營管理技術、輔導小李營業、為

小李採購店內生財器具及支付店內裝潢費用。至於陳老闆若履行「部分」契約義務，就該履行部分所發生之對價為何，缺乏明確約定，且第3條第1項無效，不應予適用。因此，法院就兩造加盟金之權利義務，衡酌誠信原則，視兩造履約程度，就小李請求返還加盟金比例為適當調整。

（2）雙方簽訂加盟契約後，陳老闆已傳授小李泡茶技術，並對小李提供顧客經營、業務開發等訓練，此為小李所承認；而陳老闆履行教導經營管理、製販商品等知識，屬小李給付加盟金目的之一，故小李就此部分知識之對價，無從請求返還。此外，小李主張陳老闆未替店內採購生財工具及裝潢店內，為陳老闆所不爭執，堪認為真，而陳老闆為小李採購店內生財工具及店內裝潢等費用，既然是小李給付加盟金之目的之一，惟陳老闆並未履行此部分義務，則於契約終止後，陳老闆就此部分所收受之加盟金給付，即欠缺法律上原因，小李得依不當得利返還請求權，法院認定陳老闆應返還此部分加盟金即六十五萬元。

律師提醒

　　所謂定型化契約，是指當事人一方預定用於同類契約之條

款而訂定之契約，且因締約之一方（如加盟總部）已預先擬定契約條款，使經濟較弱勢之一方（如加盟者）僅能依該條款訂立契約，否則即會受不締約之不利益。因此，為平衡締約雙方的經濟、實力差距，應適用「衡平原則」之法理，以排除不公平之「單方利益條款」，避免居於經濟弱勢之一方為了順利締約，反而須忍受契約之不公平條款。因此，即便居於經濟弱勢之一方接受該條款而締約，亦應認不公平條款違反衡平原則而無效，始符合平等互惠原則。

　　因此，在本案的情形中，法院審酌陳老闆與其他加盟者簽訂之契約，並以「小黃」及「為陳老闆擬定加盟契約之律師」的證言，先認定陳老闆與小李所簽訂之加盟契約為定型化契約，再依《民法》第247條之1第4款之規定，認為該定型化契約條款確實有顯失公平之情形而無效。

　　此外，與定型化契約條款相對的概念為「個別磋商條款」，是指契約當事人個別磋商而合意之契約條款。因此，若陳老闆與小李已經就加盟契約的各項條款，進行逐條的解釋、討論，甚或在原本印刷好的契約中，就特定條款額外有所註記，即可能被法院認定該條款屬於「個別磋商條款」，此時自然無《民法》第247條之1定型化契約顯失公平而無效的法條適用，即會大幅提高小李要討回已給付之加盟金的難度。

簽訂「加盟『預簽』契約」，雙方就要依契約內容履行嗎？

【本案例改編自最高法院109年度台上字第1038號民事判決】

　　香香公司為香皂生產行業之加盟總部，且僅開放加盟者以「公司」的型態加盟香香公司，不允許加盟者以「個人」名義加盟。小張對加盟香香公司十分感興趣，然而，小張的公司因尚在行政登記流程而未註冊完成，不符合加盟香香公司的條件。

　　香香公司的董事長眼看小張頗有誠意，且為了避免錯過商機，便同意小張先以「個人」名義與香香公司簽訂「加盟生產預簽合約」，並在合約中約定：「先以個人名義簽定本合約，俟公司註冊完成後，再更換正式合約。」嗣後，小張即先行支付部分的加盟金及油料金；香香公司亦先提供小張油料，供小張生產之用。

　　不料，小張在簽定加盟合約後，因為財務周轉不順，遲未

支付香香公司餘下的加盟金,且亦未正式開始生產。香香公司遂向法院提告,請求小張履行加盟預簽合約並向香香公司支付加盟金及開始生產。小張則抗辯該契約僅是預約,加盟契約尚未正式成立,故香香公司不得要求小張履行契約。

問題意識

香香公司與小張所簽訂的「加盟生產『預簽』契約」,性質上是「預約」還是「本約」?

> 法院見解:香香公司及小張皆已經開始履行「加盟生產『預簽』契約」的內容,性質上即屬本約,雙方仍應繼續履行契約,故判決香香公司勝訴。
>
> **法律見解:**
>
> 按預約係約定將來訂立一定契約(本約)之契約,倘已依所訂之契約履行而無須另訂本約者,縱名為預約,仍非預約。兩造訂立系爭合約後,被上訴人已依約給付加盟金150萬元及油料金167萬8,920元予上訴人,上訴人並已交付價值31萬8,129元之油料予被上訴人,為原審認定之事實。似見被上訴人已依系爭合約履行,能否謂系爭合

約為預約而非本約,即屬有疑。原審謂系爭合約係屬預約,而非本約,已有可議。而被上訴人既已收受31萬8,129元之油料,則其是否未正式生產,自應究明。原審未詳查審認,遽謂上訴人未舉證證明被上訴人已正式生產,爰為上訴人不利之判斷,亦嫌速斷。

本案分析:

首先,依前述法院見解,可知判斷契約是「預約」還是「本約」的標準,並不在於契約的名稱為何。因此,在本案例中,香香公司與小張之間簽訂「加盟生產預簽合約」,即使名為「預簽合約」,也不影響契約性質的判斷。

因此,究竟是預約還是本約,法院的判斷標準在於「是否已依所訂之契約履行」。在本案例中,小張已經依契約給付香香公司加盟金及油料金,香香公司也已經提供小張油料,故法院認為兩方都已經在履行合約內容,則兩方所簽訂的「加盟生產預簽合約」,自然是屬於「本約」。因此,既然是本約,則香香公司請求小張履行「加盟生產預簽合約」,並支付餘下的加盟金及開始生產,自屬合理,故最終判決香香公司勝訴。

至於「加盟生產預簽合約」中約定:「先以個人名義簽定本合約,俟公司註冊完成後,再更換正式合約。」的

部分，在法律上僅屬「換約」，而非預約及本約的關係。

律師提醒

　　契約的性質究竟屬於「本約」或「預約」，並不拘泥於契約的名稱，即使加盟總部與加盟者所簽訂的合約名為「○○加盟預約」，然若兩方皆開始履行契約的內容（如給付加盟金、供應原物料等），則日後因為雙方有糾紛而進入法院，雖名為預約，也有可能被認定為是本約，雙方即應依照契約內容履行各自之權利義務。

　　因此，若雙方簽立之「○○加盟預約」被認定為本約，即不能主張契約並未成立生效而向他方請求返還當初所給付的加盟金或供應的原物料，而僅能請求他方履行加盟契約或依合約條款終止加盟契約。

加盟總部已將加盟條件皆告知加盟者，竟然還被加盟者提告？

【本案例改編自臺灣臺北地方法院109年度訴字第2918號民事判決、臺灣高等法院111年度上字第209號民事判決】

　　小明在飲料店打工許久，一直夢想著有一天要自己開一家飲料店。在108年4月時，小明參加國際連鎖加盟展，並前往A飲料店的加盟攤位了解加盟資訊。嗣後，在攤位人員的說明下，小明對加盟A飲料店甚感興趣，便持續向A飲料店的加盟總部詢問加盟的相關資料，並於108年5月簽訂加盟契約。

　　未料，在小明加盟A飲料店後，業績持續低迷，且小明認為A飲料店未向他公開加盟的重要資訊，如加盟金費用、原物料之單價及商標圖檔使用等資訊，因此認為受到加盟總部的欺騙，小明遂向A飲料店提告，主張A飲料店未完整揭露契約資訊，故撤銷其與A飲料店之間的加盟契約，並請求因此所受到的金錢上損失。

問題意識

加盟總部應該完成哪些行為，才會被認為已經揭露契約的重要資訊呢？加盟總部又該如何證明已經向加盟者揭露契約的重要資訊？

法院見解：A飲料店傳喚證人證實已經向小明揭露加盟的重要資訊，故判決A飲料店勝訴。

法律見解：

判斷原告有無受被告詐欺或有意思表示錯誤始簽立系爭加盟契約，仍應著重者應在是否影響原告「自由加盟」之判斷。…是則上訴人（按：即本案例中之小明）於108年4月12日至被上訴人（按：即本案例中之A飲料店）攤位，○○○接洽介紹並提供加盟手冊、物料價目表、加盟合約書供上訴人審閱及拍照乙節，應堪認定。…證人○○○證稱：上訴人與○○○於108年5月18日簽訂系爭加盟契約時，伊有聽到上訴人說他有閱讀障礙，想要帶系爭加盟契約回去，請朋友幫他看，○○○說如果要帶回去審閱的話，要押10萬元保證金，如果要加盟的話，會扣10萬元，如果不加盟的話，就不會退還，所以上訴人請○○○把合約一條一條念給他聽，因為上訴

人說他看不下去，○○○就念合約內容給上訴人聽等語（見原審卷㈡第13至14頁）。依上各節，上訴人於系爭加盟展時，審閱被上訴人提供之加盟手冊、物料價目表及加盟合約書，且○○○於108年5月18日兩造簽訂系爭加盟契約時，逐條告知上訴人系爭加盟契約之內容，上訴人已知悉○○○加盟店係經營茶葉、咖啡、果汁等飲品專賣，並知悉系爭加盟契約第8條第19款約定自購品項外之原物料（即仙草、珍珠、茶葉及其他訂貨系統有提供之原物料）及包裝（紙杯、PP杯、塑膠袋）、目錄及各類報表，應向被上訴人進貨購買，足見被上訴人於兩造簽訂系爭加盟契約前，即已揭露上訴人開始營運前及加盟營運期間，應向被上訴人購買之商品或原物料之品項及價格。

本案分析：

本案例中，A飲料店已經依公平交易委員會所發布之加盟處理原則第1條、第3條第1項、第2項、第6項第2款規定，於兩造簽約締結加盟經營關係前一定期間，提供小明開始營運前應向A飲料店或其指定之人支付原物料費用之金額或預估金額、加盟營運期間向A飲料店或其指定之人支付商品或原物料費用之金額或預估金額、商品或原物料每次應訂購之項目及最低數量之對於加盟經營關係之限制等資訊，供小明審閱，以符合加盟處理原則之上開規

定。

並且，在訴訟過程中，A飲料店以「證人」方式盡其舉證責任，證明A飲料店確實已經向小明說明、接露加盟契約中關於原物料、包裝及各類報表等資訊。法院亦採信證人說法，並認為A飲料店並未構成《民法》第92條之詐欺行為，故判決小明敗訴。

律師提醒

首先，依公平交易委員會對於加盟業主經營行為案件之處理原則第3點第1項規定：「加盟業主於招募加盟過程中，未於締結加盟經營關係或預備加盟經營關係之十日前、個案認定合理期間或雙方約定期間，提供下列加盟重要資訊予交易相對人審閱，構成顯失公平行為」，因此，在加盟總部提供加盟契約予加盟者審閱時，最少應給予「十日」以上的審閱期間。

再者，依公平交易委員會對於加盟業主經營行為案件之處理原則第3點第1項規定：「對於資訊提供之有無，加盟業主應提出證明。」依此規定，當加盟者主張加盟總部未提供、接露加盟契約中的重要資訊時，是「加盟總部」在訴訟中負舉證責任，加盟總部應提出相關資料，證明已經向加盟者提供與加盟有關的重要資訊。

因此，加盟總部與加盟者在商談加盟事務的過程中，建議

加盟總部應將相關的對話紀錄、電子郵件及商談的人、時、地等，都加以擷圖、記錄、錄音或錄影，同時在簽約前再次向投資者確認：①是否已經就契約條款逐條審閱、②是否已清楚了解契約的內容，並得以證人（如律師）或書面、錄音或錄影之方式加以記錄。

　　若加盟者嗣後因為創業失敗，想要轉頭向加盟總部提告並索回過去已經投入的資金時，加盟總部即可以上述已經保存的證據，向法院說明加盟總部已經確實告知加盟者關於加盟的重要資訊，且亦給予加盟者充足的時間審閱契約，即可減少加盟總部與加盟者之間法律糾紛的敗訴風險。

加盟契約約定加盟者應遵守保密義務，就代表加盟者不得揭露任何資訊嗎？

【本案例改編自臺灣臺北地方法院109年度智字第62號民事判決】

　　小李加盟小亞公司所經營之迷你倉出租業務，且契約中並未約定小李應遵守營業秘密。然而，在加盟期間屆滿後，小李繼續經營迷你倉業務，另以其友人名義開設公司，並將客戶名單、客戶需求、對各客戶之租賃價格策略、成本定價、公司營運know-how策略等資訊供該公司使用。小亞公司發現上情，認為擅自將加盟小亞公司時所取得之營業秘密，洩漏予他人，起訴請求小亞公司賠償五十萬元。

問題意識

　　何謂營業秘密？小李之行為是否構成洩漏營業秘密？

法院見解：小李並非洩漏營業秘密法所規定之營業秘密，故判決小亞公司敗訴。

法律見解：

　　按營業秘密法第10條第1項第1款侵害營業秘密，為「以不正當方法取得營業秘密者」。何謂「不正當方法」則於本條第2項予以立法解釋，是以竊盜、詐欺、脅迫等方法取得他人之營業秘密均構成營業秘密之侵害，至於以不正當方法取得該營業秘密之人與營業秘密所有人間，是否有僱傭關係或其他法律關係，並非所問，該條立法理由規定甚明。又第2項雖另規定不正當方法包含「違反保密義務」，然本條款在規定取得營業秘密之「方法」欠缺正當性，而違反保密義務當不可能為取得營業秘密之方法（取得前無違反保密義務可言），此違反保密義務之不正當方法應指本條第4款「以不正當方法使用或洩漏者」，合先敘明。又所謂「營業秘密」，依營業秘密法第2條規定，係指方法、技術、製程、配方、程式、設計或其他可用於生產、銷售或經營之資訊，而符合①非一般涉及該類資訊之人所知者、②因其秘密性而具有實際或潛在之經濟價值者、③所有人已採取合理之保密措施者。簡言之，必須具備非周知性、經濟價值性及保密性等要件，始屬營業秘密法所保護之「營業秘密」。

本案分析：

　　法院認為，小亞公司主張客戶名單、客戶需求、對各客戶之租賃價格策略、成本定價、公司營運know-how策略，均為其營業秘密，但並未具體說明上開其所主張小易侵害之營業秘密內容為何？是否符合前述營業秘密法所保護之「營業秘密」須具備非周知性、經濟價值性及保密性等要件？並且，小亞公司主張「單位使用許可協議書」、「參訪資料表」為營業秘密，惟上述文件於網路搜尋即可輕易獲得，尚難認具有秘密性，亦無獨家技術性可言。

　　此外，小亞公司亦未具體說明並舉證小李有何將小亞公司之營業秘密洩露予第三人之行為，難認被告有何侵害營業秘密或違反保密義務之情事，小亞公司僅執系爭加盟店址仍繼續從事迷你倉業務乙節即逕行認定被告侵害營業秘密及違反保密義務，難認有據。因此，小亞公司請求小李賠償五十萬元，即無理由。

律師提醒

　　所謂營業秘密，並非加盟總部單方面主張某事務為營業秘密，加盟者即應受營業秘密法所拘束。換言之，營業秘密須符合：①非一般涉及該類資訊之人所知者、②因其秘密性而具有實際或潛在之經濟價值者、③所有人已採取合理之保密措施者

之要件，始足當之。因此，必須具備「非周知性」、「經濟價值性」及「保密性」之要件，始有營業秘密法之適用。

　　然而，若不符上開要件，固然無違反營業秘密法相關規定的風險，但仍須注意加盟契約中是否有約定相關資訊具保密義務，並應留意違反保密義務時，加盟者是否應賠償加盟總部懲罰性違約金等民事責任。

約定加盟關係結束後，加盟者即「永久」不得再從事相關產業，該約定是否有效？

【本案例改編自臺灣高等法院臺南分院101年度上易字第289號判決】

　　從事餐飲行業的林老闆，因多年鑽研而掌握讓雞排美味多汁的獨特醃製祕方及烹製技術，以其「林老闆雞排」品牌商標及雞排製作祕方供他人加盟，開設加盟店並販售相同產品，吸引到想投入創業的小威前來加盟。

　　林老闆為保障自己獨有此祕方的權利，便在與小威簽訂的加盟契約中有以下約定：「一、小威因接受林老闆訓練所習得獨家調製烹煮雞排之技術，不得外洩或移轉與任何第三人（除非有事先告知經得同意才得實施）；二、小威不論於加盟中或終止加盟後均不得再以其他商標名義販賣『雞排』之產品；三、小威若違反前兩條規定，應受新臺幣兩百萬元之違約金處罰。」

　　嗣後，小威與林老闆終止加盟關係後，竟另外開設「小威炸雞攤」並販賣雞排等炸物，林老闆發現後認為小威違反加盟

契約中約定「終止加盟後不得再以其他商標名義販賣雞排」，憤而向法院提告請求小威給付違約金兩百萬元。

問題意識

加盟契約中約定「競業禁止條款」是否有效？

> **法院見解**：林老闆與小威約定「小威日後均不得再販賣雞排商品」的競業禁止條款，顯逾合理範圍而無效，判決林老闆敗訴。
>
> **法律見解：**
>
> 按所謂加盟係指總部與加盟店二者間持續之契約關係，依據契約，總部必須提供一特有之商業授權、加上人員培訓、提供 knowhow、組織架構、經營管理及商品供銷；而加盟店則必須支付相對之報酬。亦即加盟店藉由加盟契約之訂定，得以加盟之方式，投入另一方連鎖之經營；而加盟總部則藉由 knowhow 之教育訓練，適度揭露其 knowhow，達到促使加盟店願意支付加盟金、權利金之目的。又加盟契約非屬民法債編各論所列之有名契約，於履行契約產生爭議時，自應優先適用加盟契約之約定，而加盟總部為保護上述 knowhow 及相關關鍵技術，

不致外流，通常亦約定加盟店在加盟契約存續期間，或加盟契約結束後一定時間內，不得從事與原加盟店相同行業之工作，此即所謂之競業禁止條款，在未逾合理程度，且不違反公共秩序及善良風俗之情形下，均應為法之所許。基此，衡情加盟關係之競業禁止特約是否有效，其標準大致為：(1)加盟總公司需有依競業禁止特約保護之營業秘密在。(2)加盟者因職務知悉上開營業秘密。(3)限制加盟者繼續經營類似營業之對象、期間、區域、職業活動之範圍，需不超逾合理之範疇。2.所謂的「營業秘密」，顧名思義就是營業上的秘密，其意義在於因營業秘密所有人以其獨特、不為他人所知之方法，使得其產品或服務在市場上有一定特色或優勢，而換取相當經濟上優勢，較競爭者具有更強之競爭能力。故營業秘密係指所有與營業有關且尚未公開之事實，只要秘密所有人對其有保密之意思，且該秘密之保持對秘密所有人而言有正當之經濟利益。故本件探究系爭競業禁止條款之約定是否合法有效，理應先探討上訴人有無值得保護之營業秘密，及被上訴人在其職務、地位有無競業禁止之必要。

本案分析：

　　法院認為，《民法》裡未有針對「加盟」法律關係所訂定的條文，因此，林老闆與小威所簽定的加盟契約，在

法律上屬於「無名契約」，基於私法自治、契約自由之原則，雙方可以自由訂立各種契約內容，並規範雙方在加盟期間所應遵守之權利、義務。

然而，加盟契約並非因此即可隨意訂定，《民法》中重要的基本原則與精神，仍須貫徹到每個私人契約當中，不可訂定與其相左之契約內容。否則，即有可能被法院認定契約違反公序良俗而無效。而競業禁止條款，須在未逾合理程度，且不違反公共秩序及善良風俗之情形下，始為法律所允許。

因此，本案例的加盟契約第2條約定，將使小威於加盟契約關係結束後而不得再加盟其他與「雞排」相關的產業，且將來也不得再販賣雞排，法院認為本條款逾越了合理的限制範圍，拘束了小威將來的轉業自由、工作權，與林老闆的營業秘密相比，本條款的約定顯然對小威過於嚴苛，因此認定本條款違反公序良俗而屬無效，小威日後仍得再從事與「雞排」相關的工作。

律師提醒

本件法院對於加盟關係的競業禁止條款內容，應如何訂立才不會違反《民法》的重要原理、原則而無效，提供了三個判斷標準：①加盟總部需有依競業禁止特約保護之營業秘密存

在；②加盟者因職務知悉上開營業秘密；③限制加盟者繼續經營類似營業之對象、期間、區域、職業活動之範圍，需不超逾合理之範疇。

法院雖未正面闡述競業禁止條款內容應如何規定，始屬合理，但像林老闆與小威約定「未來小威一概不能再賣雞排」，顯然就是過度限制小威的權利。至於條款細節應該如何訂立，建議與律師詳細討論加盟商提供的加盟內容後，再訂立競業禁止條款，才不會到時候被法院認為是無效的約定，而損失自己的權益喔！此外，本案例也有違約金是否過高而須酌減的疑慮，請參照其他篇章講解違約金之內容。

加盟契約之競業禁止條款約定：「加盟者於加盟結束後三年內不得從事相同行業」，此約定是否有效？

【本案例改編自臺灣高雄地方法院110年度訴字第647號民事判決】

　　小楊為阿翰茶坊之員工，在存到人生的第一桶金後決定自立門面，便自105年8月22日加盟阿翰茶坊並簽訂加盟契約，由阿翰茶坊提供小楊加盟經營權、使用權，且加盟期間為三年（即108年8月21日到期）。

　　於上開加盟契約屆滿後，小楊與阿翰茶坊再行續約，約定加盟期間為108年8月22日起至109年8月21日，另外並約定競業禁止條款：「加盟者（即小楊）不得於合約履行期間內及終止後三年內另行經營或以其他名義經營與加盟業務之競業行為。」

　　沒想到，在續約的加盟契約關係結束後，小楊隨即拆除阿翰茶坊之招牌、商標，直接在同址與他人合夥開設、經營「小

楊茶飲店」。阿翰茶坊認為小楊違反加盟契約中的競業禁止條款，便向法院起訴，請求小楊給付違約金。

問題意識

本案例中，加盟契約約定之「競業禁止條款」是否有效？

法院見解：本案加盟契約中約定「三年內不得從事同產業」的競業禁止條款，符合合理範圍而有效，判決阿翰茶坊勝訴。

法律見解：

又查，被告自108年8月22日加盟後，依系爭契約第3條可使用原告總部所擁有之○○○、○○○○、美○瓶等商標、商號、專利、著作權、裝璜及整體加盟店印象、營業秘密、經營訣竅等，被告亦稱簽約至開幕中間，有派員工至原告在台南市之直營店學乃煮茶、前台泡茶等語，足認原告已有提供一定之有形財產及無形之經營知識與技術規範，否則被告自行開設飲料店即可，又何須以加盟方式使用原告之商標、裝璜、烹調茶飲及經營技術，從而為避免契約終止後，被告已習得之專門知識立即成為競爭對手，原告自得約定契約終止後被告有競業禁止

之義務，是被告辯稱店長換人，員工走光，沒有使用原告之專業知識，是經○○○○訓練才繼續經營等語，自非可採。而上開競業禁止之約定，附有3年期間不得從事特定工作之限制，其限制之時間與被告加盟期間為4年（即105年8月22日起迄109年8月21日止）相較，尚屬適當，又該約定雖未明定限制之地域，然該約款既係出於被告之同意而簽立，於合理限度內，亦即在相當地域內限制其競業，對於被告選擇職業之權利僅稍許受到限制而已，與憲法保障人民工作權之精神並無重大違背，亦未違反其他強制規定，且與公共秩序無關，其該部分約定應屬有效。

本案分析：

本案中，法院首先認定小楊確實有使用阿翰茶坊的商標、商號、專利、著作權、裝潢及整體加盟店印象、營業秘密、經營訣竅，認定阿翰茶坊已經提供一定的有形財產及無形財產（如經營知識、管理規範等）予小楊，供小楊開設阿翰茶坊加盟店。因此，身為加盟總部的阿翰茶坊，為避免小楊在加盟契約終止後，反而以先前加盟時習得之相關專業知識、營業秘密，轉身變為阿翰茶坊的競爭對手，阿翰茶坊自然得在加盟契約中約定競業禁止條款。

> 　　法院並認為，小楊加盟阿翰茶坊之加盟期間為四年，而競業禁止條款之限制為三年；再參以競業禁止條款之約定係出於小楊之同意而簽立，且是在合理限度內，亦即，相當地域、相當期間限制小楊為競爭行為，對於小楊選擇職業之權利僅稍許受到限制而已，尚屬合理範圍，故認為此競業禁止條款的約定為有效。

律師提醒

　　本案例約定競業禁止之期間為「三年」，與前案例所定「日後均不得再販賣雞排商品」有所不同，亦即，本案並非永久限制小楊不能從事相同業務，僅是在合理期間內加以限制。同時，法院亦將「加盟期間」與「競業禁止期間」相互比較，做為審酌競業禁止條款是否合理的要素之一。

　　競業禁止條款應如何約定，方屬合理、有效，應視加盟之行業別、契約內容、加盟期間等因素加以決定，非可一概而論。不論是加盟總部或加盟者，若要在加盟契約內約定競業禁止條款，建議都應先詢問律師建議，由律師提供相關的法院見解，約定一合理、有效的競業禁止條款，避免恣意約定不合理的競業禁止條款，反而在事後被法院認定無效，而無法達到當初約定競業禁止條款之目的。

向加盟店購買的商品損壞，可以向加盟總部請求更換新品或求償嗎？

【本案例改編自最高法院101年度台上字第966號民事判決】

　　小林與「花花手錶行　總店」（加盟總部）簽訂加盟契約，在中壢開設了「花花手錶行　中壢加盟店」，以印有此字樣之招牌對外表明其為花花手錶的加盟店，也依加盟契約使用花花手錶之商標、服務標章。而「花花手錶行　中壢加盟店」與消費者簽訂之手錶買賣契約書中，記載賣方是「花花手錶行　中壢加盟店」。

　　嗣後，小美向「花花手錶行　中壢加盟店」買了一只價值五十萬元的手錶，回家後卻發現指針已經斷裂。小美向「花花手錶行　中壢加盟店」反映上情，卻遭置之不理，便憤而向「花花手錶行　中壢加盟店」及「花花手錶行　總店」起訴主張解除契約或減少價金，並請求損害賠償。

問題意識

　　小美是否得要求「花花手錶行　總店」即加盟總部負擔買賣契約之瑕疵擔保責任？

法院見解：原審就「花花手錶行　總店」無須負表見代理人之責任之結論，恐有違誤，案經最高法院發回。

法律見解：

　　且加盟經營者對外表明其為加盟業主之加盟店，並使用加盟業主之商標、服務標章，客觀上亦足使一般消費者認為至加盟店營業場所為交易，係由加盟業主及加盟經營者共同提供不動產仲介服務。查甲○○公司為被上訴人乙○○公司之加盟店，基於該公司與乙公司間之加盟契約，獲得使用「乙○○房屋甲○○加盟店」服務標章及名稱之授權，且其招牌上標有「乙○○房屋」字樣，本件相關之購屋承諾書、不動產買賣契約書全銜並均載為「乙○○房屋甲○○加盟店甲○○房屋仲介股份有限公司」，既為原審認定之事實，則依前開說明，本件經紀業是否僅限於甲○○公司，而未包括乙○○公司在內，自非無疑。倘乙○○公司與甲○○公司均屬經紀業，該公司對於

上訴人應否負授予代理權之本人責任或表見代理之授權人責任，即值斟酌。

本案分析：

在本案例中，對於小美而言，走到店家映入眼簾的是以「花花手錶行　總店」開頭的招牌、商標、及服務標章，並且於簽立買賣契約時，契約上所載賣方為「花花手錶行　中壢加盟店」。換言之，於整體交易過程，均有顯示「花花手錶行　中壢加盟店」係代替「花花手錶行　總店」與小美交易的形式上外觀。

從而，若加盟契約中約定加盟總部對加盟店有規範或監督之權利義務，且同意加盟店以總部之商標、服務標章、掛名對外銷售，縱使加盟總部未明示由加盟店取得代理權為總部進行買賣，但也可能符合《民法》第169條之表見代理（即「以自己之行為表示以代理權授與他人，或知他人表示為其代理人而不為反對之表示者，對於第三人應負授權人之責任。」）。此時，加盟總部即成為表見被代理人，回到本案，「花花手錶行　總店」於買賣契約中即可能被認定為出賣人，小美自得依《民法》中關於買賣契約瑕疵擔保的規定，請求「花花手錶行　總店」另行交付一只完好的手錶或主張其他瑕疵擔保權利。

律師提醒

商業活動中，授與他人（本案例中即「花花手錶行　中壢加盟店」）代理權，使該他人代替本人（本案例中即「花花手錶行　總店」）與第三人（本案例中即「小美」）進行交易，時有所見，代理制度的目的亦在於擴大經濟活動範圍、促進交易往來。然而，授與代理權之方式，並非限於明示，若以「本人的客觀上行為有表示授與他人代理權之意」，或「知悉該他人表示為本人的代理人而不為反對之表示」，該他人即可能成為表見代理人。以本案例而言，「花花手錶行　中壢加盟店」之行為，使其看起來像是「花花手錶行　總店」的代理人，而《民法》為了保護不知情第三人的交易安全，規定「花花手錶行　總店」須負授權人責任，故第三人即得依契約內容向「花花手錶行　總店」主張權利。

法院上對於何種行為應負表見代理人責任，相當仰賴個案中判斷，如上開判決即是因加盟總部對加盟店有規範與監督之權利義務，又同意加盟店以「類似」總部的外觀和消費者交易，而認為加盟總部與加盟店間成立表見代理，應負授權人責任。

在加盟總部與加盟者之間的權利義務關係，若欲提前設定是否要成立代理關係，除了可以請律師協助擬約審約外，也可以就實務判決做統整與分析，避免因成立表見代理，而使加盟總部須負擔超出預期的責任範圍。

不動產股份有限公司旗下加盟店之員工對他人為侵權行為，加盟總部是否應負僱傭人之損害賠償責任？（案例1）

【本案例改編自臺灣高等法院106年度上更（一）字第53號民事判決】

　　信信房屋仲介公司與小郭簽訂加盟契約，由小郭於永安市場捷運站附近開設一間加盟店，小郭並僱用阿哲於其加盟店擔任經紀營業員。某日，阿哲隱瞞A屋於921地震後有結構傾斜之嚴重瑕疵，而將A屋出賣給阿清。

　　阿清因購買之上開A屋有嚴重瑕疵，受有房屋價值減損之一百二十萬元損害，憤而起訴請求信信房屋仲介公司依《民法》第188條第1項前段負僱傭人連帶賠償責任，並賠償一百二十萬元予阿清。信信房屋仲介公司則主張，阿哲為小郭之受僱人，信信房屋仲介公司並未僱用阿哲，亦無對阿哲有指揮、監督之情形，自無須負僱傭人之連帶賠償責任。

問題意識

　　信信房屋仲介公司是否應為阿哲的行為，依《民法》第188條負僱傭人之連帶賠償責任？

法院見解：依加盟契約觀之，信信房屋仲介公司對阿哲確實有指揮、監督之權限，自應負僱傭人之責任，故判決信信房屋仲介公司敗訴。

法律見解〔臺灣高等法院106年度上更（一）字第53號民事判決〕：

　　2.查上訴人係透過甲○○介紹，與乙○○締結系爭買賣契約書（詳不爭執事項第（二）點所載），雖甲○○係向丙○○公司領取報酬一節，經甲○○於前審陳述明確（前審卷第266頁），惟丙○○公司與被上訴人乃加盟店與加盟總部之關係，亦有被上訴人提出之加盟契約書（下稱系爭加盟契約）在卷可參（原審卷一第232至243頁）。細繹系爭加盟契約第2條前段「經乙方（即被上訴人）授權，甲方（即丙○○公司）僅得對外公開使用『丁○○房屋○○○加盟店』之名稱，並應使用乙方提供之標準制式契約書，從事不動產仲介服務。」、第8條「為維護交易安全、經甲方依本契約第7條第1項仲介成

交之不動產買賣均應使用乙方制定之『房屋交易安全』制度，並應使用乙方所指定之特約地政士，辦理相關之地政業務手續。」、第9條第1項「為維護『丁○○房屋』加盟系統整理企業形象，甲方加盟店招牌及店內外之裝潢、佈置、設施之製作、修繕更換，由乙方統籌規劃並執行之……。」、第10條第2項「為維護加盟體系之素質，甲方所屬員工，應接受乙方認為必要之『職前訓練』及『在職訓練』，甲方應配合不得拒絕。」、第14條第5項、第8項「5、甲方應確實遵守乙方所提供『企業識別手冊』內之相關規定，加盟店內所有人員應著乙方規定之制服。……8、甲方應使用乙方所提供訂購之各類制式契約書及表單，不得擅自印製；……」、第16條「1、加盟店由乙方統一管理。……3、乙方保有甲方之人事資料、業務資料、報表文件、企業識別系統、營管作業等之查核權利，查核結果如不合規定者，乙方得要求甲方限期改善之。」等約定，可徵被上訴人對於丙○○公司保有加盟店統一管理之權利，因此，丙○○公司及所屬員工含甲○○執行不動產仲介服務業務時，必須依系爭加盟契約約定，對外使用表彰「丁○○房屋」名稱之店招、契約書表單文件、從業人員制服等，使用被上訴人制定之房屋交易安全制度及指定地政士等，對內必須接受被上訴人查核內部人事、業務資料，及應配合進行一定時數之教育訓練

等，堪信被上訴人依系爭加盟契約對丙〇〇公司及員工甲〇〇，保有相當指揮、監督權限甚明。

本案分析：

　　法院審酌信信房屋仲介公司與小郭間之加盟契約，約定內容包含「小郭所屬員工，應接受信信房屋仲介公司認為必要之『職前訓練』及『在職訓練』，小郭應配合不能拒絕。」、「信信房屋仲介公司保有小郭之人事資料、業務資料、報表文件、企業識別系統、營管作業等之查核權利，查核結果如不合規定者，信信房屋仲介公司得要求小郭限期改善之。」等相關約定，認為信信房屋仲介公司確實對小郭之加盟店保有統一管理、指揮監督之權利。因此，阿哲身為加盟店之員工，對外使用「信信房屋仲介公司」之名稱、契約書表單文件及制服等，對內必須接受信信房屋仲介公司查核其內部人士、業務資料，並應配合進行教育訓練等，堪信信信房屋仲介公司依加盟契約，對於阿哲有指揮、監督之權限，故應依《民法》第188條前段負僱傭人連帶賠償責任。

　　況且，對於一般交易第三人而言，難以區分加盟店與加盟總部之關係，亦不易釐清渠等間應負之法律責任，不利消費者於事前妥為判斷而決定。參以本案中雙方的買賣契約書等，亦皆有信信房屋仲介公司之名稱，消費者因此

無從分辨阿哲實際上的僱主時，不宜將此不利益逕由消費者自行吸收，免失公允。

律師提醒

《民法》第188條第1項前段之「受僱人」，不以事實上有僱傭契約者為限，凡客觀上被他人使用，為之服勞務而受其監督者，均屬受僱人，無論事實上是否定有僱傭契約、勞務種類如何、期間長短、領取報酬與否。

換言之，依一般社會觀念，若受僱人確有被僱傭人使用，為之服勞務而受僱傭人監督之客觀事實存在，兩者間僱傭關係即存在。而所謂「執行職務」，不問僱傭人與受僱人之意思如何，單以「行為外觀」斷之，亦即，僱傭人藉由使用受僱人而擴張其活動範圍，並享受其利益，即屬之。且受僱人執行職務之範圍或合法與否，通常非交易之第三人所能分辨，為保護交易之安全，受僱人之行為在客觀上具備執行職務之外觀，而侵害第三人之權利時，僱傭人即應負連帶賠償責任。

因此，在本案例中，法院即依據加盟契約之內容，認定阿哲在事實上有為信信房屋仲介公司服勞務，且信信房屋仲介公司亦對阿哲有指揮、監督之權限；另就消費者之視角而言，亦無法分辨阿哲究竟是信信房屋仲介公司或小郭所經營加盟店的員工，故認定阿哲為信信房屋仲介公司之「受僱人」，信信房

屋仲介公司即應就阿哲對阿清之侵權行為，負僱傭人之連帶賠償責任。

不動產股份有限公司旗下加盟店之員工對他人為侵權行為，加盟總部是否應負僱傭人之損害賠償責任？（案例2）

【本案例改編自臺灣板橋地方法院100年度訴字第2717號民事判決】

　　冠軍不動產經紀有限公司（下稱冠軍公司）加盟世紀不動產股份有限公司（下稱世紀公司），並開設板橋特區加盟店。冠軍公司的員工阿童向妮妮介紹某棟房屋，並向妮妮佯稱：「因屋主不在國內，必須先付訂金五十萬元才能搶得先機。」等語，妮妮不疑有他，當即交付現金五十萬元給阿童，阿童並簽發繳款確認單、價金保管條給妮妮。

　　然而，阿童事後卻與妮妮避不見面，妮妮才驚覺自己可能遭阿童詐騙。於是，妮妮對阿童提起刑事詐欺罪的告訴，並另訴請求冠軍公司與世紀公司應負僱傭人責任並連帶賠償妮妮五十萬元。

問題意識

　　冠軍公司與世紀公司是否均應就阿童的詐欺行為負《民法》上之僱傭人連帶賠償責任？

> 法院見解：冠軍公司應負僱傭人連帶賠償責任；妮妮未能舉證阿童與世紀公司間有何指揮、監督之僱傭關係存在，故世紀公司無庸負責。

法律見解：

　　依被告甲○○公司上開自認乙○○自100年5月間未再至其公司之事實，再參諸本院卷第94頁所附被告甲○○公司經理丙○○之名片，被告甲○○公司自認係屬被告甲○○公司之名片（見本院卷第93頁），而觀之乙○○之名片與被告甲○○公司之經理丙○○之名片所印製之模式相類同，有乙○○及丙○○之名片附於本院卷第94頁可資比對；又經本院依職權調取乙○○99年度之所得資料，其中有甲○○公司給付乙○○之執行業務所得5萬1983元，有稅務電子閘門財產所得調件明細表附卷可參（見本院卷第95頁至96頁），則原告主張乙○○於上開詐欺行為時係被告甲○○公司之受僱人，應堪信為真。…至於原告另主張乙○○亦為被告丁○○公司所僱用

之職員，被告丁○○公司亦應負僱用人之連帶賠償責任等語，然為被告丁○○公司所否認，辯稱：丁○○公司與被告甲○○公司乃簽有加盟契約之加盟授權關係，並非僱傭關係，雙方間並不存在提供勞務之問題，亦無所謂給付勞務報酬之情形，雙方間乃合作關係，係一種有別於單獨公司單打獨鬥之新型態商業模式，不僅其無庸給付被告甲○○公司勞務報酬，被告甲○○公司尚且應給付被告丁○○公司品牌使用權利金，在在與僱傭之概念完全無涉，自無民法第188條僱用人責任之適用等語。經查：乙○○係受僱於被告甲○○公司，而甲○○公司與被告丁○○公司簽有加盟契約之加盟授權關係，甲○○公司僅為丁○○公司之加盟店，由丁○○公司授權甲○○公司使用其標章經營不動產仲介業務，惟實際經營管理，仍由甲○○公司為之，此觀之原告所提丁○○不動產特許加盟授權契約自明。且原告亦未能舉證證明乙○○與被告丁○○公司間，有何直接選任監督之僱傭關係存在，是並無證據足證乙○○為丁○○公司之受僱人，故原告主張丁○○公司為乙○○之僱用人，應與被告甲○○公司及乙○○負連帶賠償責任云云，即無足採。

本案分析：

　　首先，法院調閱阿童的薪資所得資料，查明冠軍公司

有支付薪資予阿童，且阿童的名片之印製格式與冠軍公司之其他員工均相同，堪信阿童對妮妮實施詐欺行為時，於客觀上有為冠軍公司服勞務之外觀，足認冠軍公司與阿童間存在僱傭關係，而冠軍公司未能證明已對阿童盡相當之監督義務，故判決冠軍公司應賠償五十萬元予妮妮。

至於妮妮另外主張世紀公司也應負連帶賠償責任，法院認為冠軍公司僅為世紀公司之加盟店，由世紀公司授權冠軍公司使用其標章經營不動產仲介業務，至於實際經營管理，仍由冠軍公司負責。而妮妮未能證明阿童與世紀公司間有指揮、監督的僱傭關係存在，因此無從認定阿童為世紀公司之受僱人，故妮妮主張世紀公司應就阿童之侵權行為負連帶賠償責任，即無理由。

律師提醒

員工在職務上的行為，若有侵害他人的權利，原則上雇主要負連帶賠償責任，而「雇主」之認定，並非以雙方有無簽「勞動契約」為判斷依據，法院會實質、個案地參酌員工是否係為雇主工作、雇主有無指揮、監督員工的權限，來判斷雇主是否要負連帶賠償責任。

在本案例中，法院即以「冠軍公司確實有支付薪資予阿童」、「阿童之名片格式與其他員工相同」，認定冠軍公司為僱

傭人而應負賠償責任。與前一案例不同的是，世紀公司即加盟總部毋庸負僱傭人之責任，係因妮妮未能舉證世紀公司對阿童有指揮、監督的權限，方才判決世紀公司毋庸負責。應注意的是，妮妮在本案中是輸在舉證責任，如若妮妮能證明世紀公司對阿童有指揮、監督的情事，世紀公司是很有可能應為阿童的侵權行為負責的！

　　至於冠軍公司向妮妮賠償五十萬元後，是否能再向其員工阿童求償呢？依《民法》第188條第3項之規定，答案原則上是肯定的，但實際上阿童可能資力不佳而無法賠償，否則妮妮也無須迢向冠軍公司及世紀公司求償了。

加盟者如何證明加盟總部提供設備存在瑕疵？

【本案例改編自臺灣桃園地方法院民事判109年度訴字第2635號民事判決】

　　小林於108年2月25日加盟亮亮美車工藝，加盟契約中約定亮亮美車工藝應提供營業設備（如紅外線機、拋光機、升降設備）予小林。

　　然而，亮亮美車工藝雖依約提供上開設備，但小林使用後發現上開設備存有瑕疵，更有積水及電路、電壓設備不穩之情形。小林雖通知亮亮美車工藝處理，但後者卻置之不理而遲未修復，致小林無法開店營業。因此，小林遂起訴請求亮亮美車工藝負損害賠償責任。

問題意識

　　小林應如何證明亮亮美車工藝供給的設備存在瑕疵？

法院見解：小林無法證明營業設備之瑕疵存在，故判決小林敗訴。

法律見解（臺灣桃園地方法院民事判109年度訴字第2635號民事判決）：

⋯原告之配偶甲○○亦到庭證稱：「拋光機本來出現問題時，有異音，轉速會變慢，有先由原告送去乙○○公司修理，後來送修完畢回來，使用一陣子又壞掉，又送去給乙○○公司，我們二次都是交給乙○○公司的丙○○，到現在都沒有歸還」等語（參本院卷第325頁）。然若原告確實有將拋光機交付被告公司之人員加以修繕、處理，理應由相關人員出具維修單或收受設備之單據並交付原告以為憑證，然原告卻未能提出類似資料，被告公司復否認有收受拋光機及拋光機確有瑕疵等情事，故不能僅以原告及其配偶所為上開證述，即認被告公司確有收受具瑕疵之拋光機而未予修復歸還。②又原告另主張紅外線機、升降設備、電路、電壓之機電設備均有瑕疵之情形，並聲請鑑定，本院並已依原告之聲請函請中華工商研究院加以鑑定「上開設備是否有損壞或排水不良等瑕疵而致無法使用之情形？損害之原因為何？須修復之費用為何？」（參本院卷第413頁），然原告就此已具狀及到庭表示因無力墊付該鑑定費用而撤回鑑定之聲請，被告亦已

表示不願墊付鑑定費用（參本院卷第507頁），故就此部分只能以卷內之資料證據加以認定，合先敘明。③再原告因撤回上開鑑定聲明，是本院實無法確認上開設備是否確有瑕疵、排水不良、電壓不穩之情形，及造成該等情形之原因為何，更無法僅以原告配偶甲○○到庭證稱該等設備確有瑕疵一情（參本院卷第325頁），即認原告該部分之主張屬實。

本案分析：

　　本案例中，雖然小林的配偶曾到庭作證，說明相關設備曾送回亮亮美車工藝修繕、處理，然小林均未能提出相關人員出具維修單或收受設備之單據，加以亮亮美車工藝否認有收受拋光機及拋光機確有瑕疵之情事，因此無從僅因小林配偶的證述，即認定營業設備確實存在瑕疵。

　　再者，小林雖然在本案中也有聲請鑑定，然因兩造皆未墊付鑑定費用，因此無法進行鑑定。法院據此也無法認定亮亮美車工藝所提供的營業設備，是否確實存在瑕疵，因此在事實真偽不明的情形下，判決應負舉證責任之小林敗訴。

律師提醒

　　就加盟總部提供的設備是否存有瑕疵，通常以「鑑定」的方式，認定瑕疵是否存在及該瑕疵造成設備的價值減損為何。不過，在訴訟過程中，鑑定費用通常由要求鑑定的那一方先行支付，而本案中的小林可能因為鑑定費用過於龐大，而撤回鑑定聲請。

　　然而，設備是否存有瑕疵，應由小林負舉證責任，但小林卻撤回鑑定聲請，且又提不出其他法院認為可靠的證明方法，法院只好據此認定小林所稱設備存有瑕疵的主張無法採信。

　　另外，雖然本案中應先由小林墊付鑑定費用，但如若鑑定結果認定設備確實存在瑕疵，法院並判決亮亮美車工藝敗訴時，小林當初所墊付的鑑定費用，最後則應由亮亮美車工藝負擔。因此，切勿應法院要求先支付鑑定費，即貿然撤回鑑定聲請，仍應審慎評估鑑定費用及本案請求金額，再評估是否進行鑑定！

加盟總部與加盟者產生紛爭，且加盟者被移除粉絲專頁之管理員權限，加盟者是否得主張加盟契約已經終止？

【本案例改編自臺灣臺北地方法院111年度訴字第2036號民事判決】

　　小李加盟許老闆開設的蒙古烤肉餐館，由許老闆提供經營管理技術，授權小李使用招牌與名稱、服務標章及相關文宣製作物，並輔導小李開設加盟店，並約定加盟金為八十八萬元，小李並已支付七十萬元之加盟金予許老闆。

　　加盟店開幕後，許老闆時常攜帶其愛犬一同視察，故許老闆多次要求在小李所經營的分店寄放狗食，惟經小李所拒絕。未料，此情遭許老闆之女友指責批評，許老闆的女友並移除小李於社群網站粉絲專頁之管理員權限。

　　小李深感委屈，遂於社群網站上的地方社團發布貼文稱：「總店利用權勢關係，要求我們幫她做合約以外違背我們本心的事宜」、「現在卻為了我們無法完成合約以外的事宜，早在過

年前我們就被踢出自己投入感情與金錢經營很久的粉絲團」等語。

之後，小李起訴許老闆並主張：許老闆移除小李之管理員權限，應視為已對小李終止加盟合約，故許老闆應按比例返還未履行契約期間之加盟金五十八萬餘元；許老闆則反訴請求：（一）小李應將該貼文永久刪除、（二）小李應給付許老闆六十八萬元，分別為加盟金未付之十八萬，及許老闆因小李之貼文所受的名譽權受損，應賠償五十萬元。

問題意識

許老闆與小李間之加盟契約是否已經終止？小李發布貼文之行為，是否侵害許老闆的名譽權？

法院見解：許老闆與小李間的契約尚未終止，故小李仍須給付加盟金十八萬元；小李不構成對許老闆名譽權之侵害。

法律見解：

1. 終止契約部分

原告雖主張被告於111年1月25日將原告移除系爭粉絲專頁管理員，係對原告為終止系爭契約之意思表示云

云，並提出甲○○中壢店○○社群網站貼文及對話紀錄為憑（見本院卷第153至155頁）。惟按，當事人依法律之規定終止契約者，終止權之行使，應向他方當事人以意思表示為之，民法第263條準用第258條第1項規定甚明。參以被告將原告移除系爭粉絲專頁管理員之行為，未表彰被告終止契約之意思或任何思想，單純之移除行為依所處○○社群網站之情境，至多亦僅生暫時停權之效果，尚難遽認移除行為屬表意行為而有向原告為終止契約之意思表示。3.至於甲○○中壢店於111年2月8日○○社群網站貼文，僅係說明甲○○中壢店有違約行為；111年2月間○○社群網站對話紀錄，亦僅係表示甲○○中壢店違約自創其他品牌，均無法佐證被告將原告移除系爭粉絲專頁管理員有終止契約之意。況系爭契約第8條已明定被告終止系爭契約之事由，原告未陳明被告係以該條何款事由對其終止契約，則單由被告將原告移除系爭粉絲專業管理員之舉，無法推論被告係以何事由對原告主張終止契約，甚或有對原告行使終止權，原告主張系爭契約業經被告終止云云，洵屬無據。

2. 侵害名譽權部分

又兩造間為加盟業主與加盟店之關係，依系爭契約第6條、第7條約定，反訴原告協助反訴被告經營管理，反

訴被告為配合反訴原告之輔導工作，應遵守契約所定之約定，足見反訴原告立於類似監督者之地位監督反訴被告之經營管理，則反訴原告委請反訴被告協助處理契約外之寄放狗食事務，反訴被告確有可能囿於彼此間之契約關係而勉強應允。再觀諸系爭貼文之前後文脈絡，主要在敘述反訴被告加盟反訴原告及遭移除粉絲團之過程（見本院卷第97至99頁），反訴被告陳述反訴原告『應用權勢關係』、『要求我們幫她做…違背我們本心的事宜』之主觀意見表達，復非情緒性謾罵，而係本於其對於兩造間因系爭契約所生紛爭之認知，以及其對於兩造處於不對等契約關係之態度，凡此均攸關反訴被告個人主觀價值判斷之思想核心事務，且該言論有助於社會大眾討論加盟經營關係之公共議題；反訴被告於「○○大小事」社團及個人所經營之「○○○桃園店」張貼系爭貼文，亦與其營業地點桃園市中壢區（參系爭契約第1條）密切相關，而非在無關之網路社群任意謾罵，則權衡反訴被告之言論自由與反訴原告之名譽權，自應優先保障反訴被告所為前開主觀意見表達之言論，故反訴被告所為前開言論未侵害反訴原告之名譽權。

本案分析：

1. 法院認為，加盟契約並未終止，小李請求許老闆

返還五十八萬餘元無理由，許老闆請求小李給付十八萬元有理由。

依《民法》規定，當事人依法律之規定終止契約者，終止權之行使，應向他方當事人以意思表示為之。許老闆將小李移除粉絲專頁管理員之行為，未表彰被告終止契約之意思或任何思想，單純之移除行為依所處社群網站之情境，至多亦僅生暫時停權之效果，難認有向小李為終止契約之意思。契約既未終止，則小李請求許老闆返還未履行契約期間之加盟金五十八萬餘元，自無理由；而小李依加盟契約，確實有再給付許老闆十八萬元之義務，故許老闆請求小李給付十八萬元有理由。

2. 小李發布貼文之行為，不成立對許老闆的侵權責任，故許老闆請求小李刪除貼文並給付五十萬元無理由。

本件小李所為系爭言論，其中「利用權勢關係」、「違背我們本心的事宜」，無非涉及個人對於事物之主觀價值判斷，屬於「主觀意見表達」；「要求我們幫她做合約以外…的事宜」則屬得以驗證真偽之「客觀事實陳述」。

觀察小李與許老闆之女友之LINE對話紀錄，許老闆之女友多次傳送「我有狗友的東西。請○○帶過去放妳那喔～冷凍。謝謝」、「我有狗友的東西。請○○帶過去放

妳那可以嗎？我狗友住桃園」等語給小李，可見許老闆確有請小李協助處理該加盟契約所約定以外之事情，則小李所為許老闆「要求我們幫她做合約以外…的事宜」之客觀事實陳述，與事實相符，不構成侵害名譽權之侵權行為。

律師提醒

在本案例中，單純的被移除社群網站粉絲專頁之管理員權限，並不會被認定為加盟總部有終止加盟契約的意思，雙方仍應依加盟契約之內容，履行各自應盡的義務。至於加盟契約是否終止，應視雙方於契約內如何約定。

另外，許老闆受《憲法》保障的「名譽權」，及小李亦受《憲法》保障「言論自由」發生衝突，應對兩者進行價值權衡。言論自由可分為「客觀事實陳述」與「主觀意見表達」，「客觀事實陳述」得以驗證真偽，「主觀意見表達」則係個人對於事物之主觀價值判斷，無所謂真偽之問題。「主觀意見表達」與人之思想、人格發展有密切關聯，而思想自由為言論自由之基礎，受《憲法》高度保障，則法院在判斷行為人所為之「主觀意見表達」是否構成侵害他人名譽權之民事侵權行為時，會依行為人所為言論之類型屬於高價值或低價值言論，判斷該主觀意見表達受《憲法》保障之程度，以及與名譽權發生

衝突時之權衡；而判斷言論是否屬於高價值或低價值言論，則應以言論「是否與個人思考、人格發展等核心事務密切相關」、「言論自由之價值」判斷。

不論是加盟總部或加盟者，若因任何事務導致兩方產生衝突時，皆不宜貿然向對方逕為任何表示。特別於可能涉及法律糾紛的情況下，宜先尋求律師的專業協助，由律師先提供法律專業的分析，甚或可以委託律師出面與對方進行談判，以適當掌握風險，避免損害擴大，亦有利於兩造紛爭的解決！

面臨天價違約金，
加盟者只能依約賠償嗎？

【本案例改編自臺灣高雄地方法院105年度雄簡字第2060號民事判決】

　　蔡老闆為「超好喝飲料店」的加盟者，與加盟總部簽訂加盟契約並約定：「應於營業時間準時開店、配合加盟總部所舉辦的促銷活動、遵守政府有關開立發票之規定，並不得有影響加盟連鎖體系品牌商譽及企業形象之情事，否則應給付懲罰性違約金新臺幣（下同）五十萬元」。

　　然而，蔡老闆卻未遵守加盟契約，而有下列行為：

　　（一）正常開店時間為上午9點30分，於105年7月1日卻遲至上午11時始開店；

　　（二）每月25日為卡友會員日，惟於105年6月25日有多次未給會員折扣之情形，並有會員上臉書網頁客訴。

　　（三）依法規定，每月營業額達二十萬元以上之營業人，應開立統一發票，惟自102年12月起每月營業額均超過二十萬

元，卻未開立發票，已違反《稅捐稽徵法》相關規定。

（四）上述（一）（二）之行為已經影響加盟總部的商譽及形象。

為此，加盟總部遂以蔡老闆違反加盟契約為由，起訴請求蔡老闆給付五十萬元之違約金。

問題意識

本案例中，本案中，如蔡老闆認為五十萬元之違約金過於苛刻，應如何主張權利？

法院見解：蔡老闆雖違反加盟契約之約定，但契約所約定之違約金顯屬過高，應酌減為兩萬元，始為妥當。

法律見解（臺灣高雄地方法院105年度雄簡字第2060號民事判決）：

原告主張被告經營之加盟店營業時間應為上午9點30分至下午10點30分，惟於105年7月1日卻遲至上午11點始開始營業等情，為被告所自承，應屬真實。原告雖主張被告上開行為已違反系爭契約第17條、第19條，然

查：……至系爭契約第19條第1項約定「乙方有善盡『○○有限公司』品牌商譽及企業形象之義務與責任。若因乙方之事由，造成本加盟連鎖體系之品牌商譽及企業形象受損者，乙方應付一切賠償之責。且甲方得不用催告逕行終止本契約。」……為衡平雙方權益，並依契約整體解釋，應限於重大事由而足以使一般社會大眾對原告品牌形象產生負面觀感者，如涉及食安問題或惡意侵害消費者權益等，始足當之。則被告於105年7月1日延遲開店，或讓於正常營業時間到場之消費者權益受損，難謂此情事已足使一般社會大眾均對原告品牌形象產生負面觀感，自無違反系爭契約第19條第1項。是原告此部分主張被告延遲開店違反系爭契約第17條、第19條第1項等語，均難採認。2.系爭契約第30條第1項約定「甲方如認為有需要辦理促銷活動即與其他行業結盟經營活動時，乙方需配合遵守執行。」原告主張105年6月25日為品牌會員日，被告之加盟店卻有11筆未予顧客折扣優惠之情，並提出之臉書網站留言、電腦資料在卷可查（見本院卷第27、28、71頁），且為被告所未否認，應屬真實。被告辯稱：客訴之顧客被告已道歉並彌補，該顧客亦表示願繼續消費；當日雖有員工電腦輸入錯誤之情形，然均由店長指示以現場退現金之方式處理等語（見本院卷第50、78至79頁）。查被告所辯上情，雖未提出證據供本院審酌，然商品折扣

日人潮較多，員工一時疏忽偶未給予顧客適當折扣，尚屬常情；而被告加盟原告3年期間，依卷內證據，無從認被告有長期或故意未配合原告促銷活動之情，原告以105年6月25日有11筆未予顧客折扣優惠，即認被告違反系爭契約第30條第1項約定，應有未足。況系爭契約第24條第2項約定「乙方若違反本契約……第30條……等條款中任一條項之規定者，經甲方限期改正而逾期未改者（若其情況無改善之可能者，甲方則無需先限期改正），甲方得終止本契約，乙方應支付甲方懲罰性違約金500,000元。」縱認被告前開情事已違反系爭契約第30條第1項，惟該情事並非無改善之可能，原告復未提出限期改正被告逾期未改之相關證明，自難依系爭契約第24條第2項向被告請求違約金。至原告主張被告上開情事違反系爭契約第19條第1項等語，同前開1.部分所述，因難認此情事已足使一般社會大眾均對原告品牌形象產生負面觀感，被告自無違反系爭契約第19條第1項。是原告此部分主張，亦屬無據。3.……原告主張：系爭契約第18條第2項、第6項約定「乙方倘因違反法令遭政府機關處罰或警告時，需立即書面通知甲方，乙方應自行負責，與甲方無涉」、「雙方簽約後，因政府規定加盟店需開發票時，乙方應遵守政府的規定，其費用由乙方負責。」被告自102年12月起每月營業額均超過200,000元（105年7月因未

足月，未記入），應開立統一發票，然被告遲至105年7月1日起始開立統一發票，顯已違反上開約定等語，並提出被告加盟店營業額統計表1紙為證（見本院卷第66頁）。查被告對其自102年12月起每月營業額均逾200,000元，依前開法規及函示，應開立統一發票等情，並未爭執，其雖未曾因未開立統一發票遭稅捐機關處罰，然前開系爭契約第18條第6項規定，並未有需遭稅捐機關處罰或警告之前提，而系爭契約第18條既分列各項為被告應負之義務，第6項規定又具體要求被告應依法開立統一發票，難認需與第2項為同一解釋。是被告此部分辯詞，即難採認，其確有違反系爭契約第18條第6項約定之情，又依系爭契約第24條第1項約定，被告違反第18條約定時，應支付原告懲罰性違約金，是原告主張因被告未依法規開立統一發票，應給付原告違約金，確屬有據。

本案分析：

依《民法》第252條規定：「約定之違約金額過高者，法院得減至相當之數額。」，且依最高法院之一貫見解，於具體個案是否應酌減違約金，屬於法官的「職權事項」，亦即，不待兩造當事人於訴訟中主張、攻防，法官就可以審酌個案情形，自行判斷所約定之違約金是否顯屬

過高,並加以酌減至合理數額。

本案中,蔡老闆雖於上開日期,有未於正常營業時間開店的情形,但法院認為,蔡老闆當日遲誤開店乙次,或許造成當日於正常營業時間到場之消費者權益受損,但難認此情事已使一般社會大眾均對加盟總部的品牌形象產生負面觀感。

再者,就蔡老闆未給予消費者折扣的部分,雖然蔡老闆確實違反加盟契約之約定,但加盟總部並未限期要求蔡老闆改正其行為,且當日恐肇因於商品折扣日人潮較多,因一時疏忽偶未給予顧客折扣,而蔡老闆事後也向消費者致歉並予以補償,也難以單一個案即認定已對加盟總部之形象產生深刻的負面影響。

另就蔡老闆未開立發票之事實,實際上加盟總部也知悉此情長達兩年,然均未曾要求蔡老闆限期改正,且蔡老闆於接獲稅捐機關通知後,也已盡力彌補並補正相關行政程序,並未造成嚴重損害。

法院綜合上開情形,併衡以社會經濟狀況、兩造利益之平衡等一切情狀,本案蔡老闆應給付加盟總部違約金兩萬元。

律師提醒

　　本案中，蔡老闆雖有違反加盟契約的約定，但因蔡老闆於訴訟中具體陳述其違約行為之原因、始末及相關補救措施，且加盟總部並未實質說明所受損害為何，使法院綜合所有情狀，判決蔡老闆應給付兩萬元之違約金。

　　就加盟者而言，當發生違約情形並遭加盟總部起訴請求給付違約金時，如違約金金額顯然過高而無法負擔，建議可以透過律師的協助，向法院說明本件違約金的合理範圍為何，避免支付不合理的違約金；就加盟總部而言，如加盟者有違約情形，加盟總部應限期要求加盟者改正，並可尋求律師協助寄發存證信函或律師函代為通知，避免如本案例之加盟總部，因未先限期命蔡老闆補正而受法院不利之認定。

第二部

刑事責任

加盟關係結束後繼續使用加盟總部的商標或圖樣，有無刑事責任？

【本案例改編自智慧財產法院105年度刑智上易字第100號刑事判決】

小東加盟青青飲料店，約定加盟期間為94年1月1日至99年12月31日。然而，有健忘症的小東，忘記加盟期間到何時為止，亦未留存當時的合約書，在加盟期滿後仍繼續營業並使用加盟總部的商標、圖樣，且加盟總部亦持續供貨。

未料，青青飲料店發現上情，始在100年9月正式寄發存證信函通知小東終止加盟契約，並認為小東有違反《商標法》之虞而向法院提告。

問題意識

加盟者在加盟關係結束後繼續使用加盟總部的商標或圖樣，有無刑事責任？

法院見解：小東於加盟契約終止後，仍繼續使用青青飲料店的商標，違反《商標法》第95條第1項第1款，處有期徒刑六個月。

法律見解：

依商標法第95條第1項第1款規定：「未得商標權人或團體商標權人同意，有下列情形之一，處三年以下有期徒刑、拘役或科或併科新臺幣二十萬元以下罰金：一、於同一商品或服務，使用相同於註冊商標或團體商標之商標者。」

本案分析：

本案中，小東在主觀上認為其與青青飲料店的加盟契約是「不定期加盟契約」，亦即，加盟契約未約定終止期限，而在加盟期間屆滿後仍繼續存在；且於99年12月31日後，青青飲料店仍持續供貨給小東；再者，青青飲料店遲至100年9月始寄發存證信函給小東，通知小東終止契約。因此，小東認為加盟契約於99年12月31日後仍繼續存在，自可繼續使用青青飲料店之商標、圖樣，即便青青飲料店終止加盟契約，也是於收受存證信函後始發生終止之效力，自終止時小東始不得再使用前揭商標、圖樣。

然而，法院審酌「小東警詢、偵訊的陳述前後矛

盾」、「青青飲料店的加盟總部提出當時留存之合約書」
及「傳喚證人（如加盟總部之承辦人員、在場簽約之人員
等）訊問」，據此認定當時的加盟契約確實是定有期限。
因此，小東在加盟契約的法律關係結束後，仍繼續使用青
青飲料店的商標，自然是違反《商標法》第95條，被判
處有期徒刑六個月。

律師提醒

本案例中，小東犯的錯誤包括：①未留存合約書；②完全
依其「主觀上認知」去認定加盟契約的法律效力；③於警詢、
偵訊時未找律師陪同，導致其陳述不被採信。

在餐飲加盟中，通常都會約定商標授權。若加盟契約即將
期限屆止時，加盟總部仍未與加盟者續約，於加盟契約期限屆
止後，加盟者應先停止使用商標，待續約簽定並生效後再繼續
使用加盟總部的商標圖樣，避免誤觸《商標法》的刑事責任。

加盟總部授權加盟者「販賣」Q版古人娃娃，就代表加盟者可以自行製造嗎？

【本案例改編自臺灣高等法院96年度上訴字第1133號刑事判決】

　　小帥公司為製作古人形象之玩偶的加盟總部。最近，小帥公司邀請知名設計師，結合現代時尚元素的衣著配件，製作具古風及現代風的Q版古人玩偶，並吸引許多消費者搶購。

　　小七看中此商機，遂加盟小帥公司，並提議替小帥公司製造Q版古人玩偶並販售，使其加盟店能招來更多年輕人購買玩偶。嗣後，小帥公司與小七簽訂加盟契約，同意小七能開設加盟店販賣各種商品，並在契約中載明：「加盟總部『委託』加盟者生產製造Q版古人娃娃之合約，應本於誠信而於本加盟契約簽約後60日內完成該合約之簽訂」。

　　然而，雙方就「製造」玩偶的部分協議不成，最後並未簽訂關於Q版古人娃娃之製造合約。未料，小七仍擅自製作Q版娃娃。因此，小帥公司認為小七侵害其對於古人玩偶之著作

權，憤而提告。偵查中，小七主張：「一、Q版娃娃是自己獨立創作，跟小帥公司所做之古人玩偶完全不同；二、縱使Q版娃娃有侵害總部所有之著作權，小七因不知其事而無故意。」

問題意識

加盟關係中，加盟總部同意加盟者進行的營業範圍，應如何認定小七的上開主張有沒有理由？是否能因此認定小七的行為不違法？

法院見解：小七確實具有侵害小帥公司就Q版古人娃娃之著作權的故意，違反《著作權法》第92條，處有期徒刑一年四個月。

法律見解：

按著作權法第3條第1項第11款所謂之「改作」係指以翻譯、編曲、改寫、拍攝影片或其他方法就原著作另為創作者而言。而此所謂「其他方法」，乃恐例示之方法有所遺漏而設之概括規定，依法律解釋之基本原則，自應與例示之改作方法性質相符始足當之，是以，此所謂其他方法，自應限於以變更原著作之表現型態使其內容再現之情形，例如對於原美術著作圖樣之增減，即屬改作之其他方

法。⋯惟Q板娃娃之臉部特徵，諸如刀疤、鬍子、紅痣、白眉毛及髮型之式樣、髮飾等具與告訴人之布袋戲偶雷同（參照查獲時被告櫥窗所擺設之Q板娃娃與告訴人之○○○戲偶之照片相互對照，偵查卷第29至36頁），遑論各衣著、配件、裝飾，則見被告保留原告訴人著作之主要精神架構，而改變非主要精神架構部分，被告具有「改作」之情況，亦得認定。

本案分析：

本案中，雙方就加盟契約的權利義務關係，小七得販售小帥公司的商品。再者，雙方於磋商過程中，就Q版古人娃娃是否委託加盟者生產一事的約定，本來欲再另行簽訂契約，可見雙方皆認知及預見Q版古人娃娃之製造，並不在加盟契約之約定範疇內，故小七並未獲得小帥公司授權製造Q版古人娃娃的權利。又小七曾向小帥公司要求在加盟合約內加註：「Q版娃娃不侵害總部之著作權」，更顯示小七對Q版娃娃可能侵權之疑慮是知情的。因此，小七難以主張對於「Q版娃娃會侵害小帥公司之著作權」為不知情。

律師提醒

透過本案例可知，加盟是一種依契約而形成的商業關係，

加盟總部與加盟者之間的權利、義務內容，須透由解釋加盟契約而得知，此涉及到契約解釋的法理，而有主義務、從義務、附隨義務等。若契約裡已經明文禁止，或雙方交涉過程中已提出而最終未寫進契約者，法院就可能認為當事人仍為契約內所禁止的行為，是存有故意違犯之意思，就須負擔相應之民、刑事責任。因此，審閱契約、知悉自己在契約中所負擔的權利、義務，即顯得格外重要。如對契約內容有所疑慮，應尋求專業律師的協助，如協助擬約、審約及了解契約成立後雙方的權利、義務關係，避免投入了一段契約關係後，卻不明白什麼該做、什麼不該做，而誤觸法網。

在本案例中，尚有一爭執點為：「小七是否侵害加盟總部著作權」之問題，原則上若未得著作權人同意，而對他人之著作為擅自重製、改作、公開傳輸等，就可能觸犯《著作權法》第91條以下之規定，而會面臨刑事責任的處罰。上開法院見解認為，部分Q版娃娃的特徵跟原版大致相似，僅在頭部、身體比例有所改動，屬於改作行為，而非自己獨立之創作。

即使是商業上的夥伴，加盟總部與加盟者之間仍為不同法律上主體，更可能因利益而撕破臉。不論是加盟總部或加盟者，皆應避免侵害他人權利，亦要保護自己權利免受侵害。在商業衝突發生時，可以尋求律師擔任談判、溝通的角色，避免雙方在有裂痕的情況下談判，反而使衝突愈演愈烈；若已無談判空間，也可以尋求律師協助後續的權利主張。

加盟者因信賴加盟總部已合法取得授權而販售機上盒，是否也會違反《著作權法》第92條、第93條第4款規定？

【本案例改編自雲林地方法院108年度智易字第3號刑事判決】

　　「小怡盒子」為電視機上盒，係小怡公司之熱銷產品，裝設以後即可觀看電視節目，並可取代傳統有線電視。然而，小怡盒子所得觀看之節目，部分固有取得授權，然實際上另有許多節目，並未經電視台授權。

　　小莊看中小怡盒子的商機，便與小怡公司簽訂區域經銷商加盟契約書，成為小怡公司於雲林地區之加盟經銷商，主要工作是負責協助該地區對電視機上盒有需求之民眾安裝小怡盒子。未料，未授權之電視台對小莊及小怡公司提起刑事告訴，指稱小莊與小怡公司違反《著作權法》。

問題意識

　　小莊之行為是否違反《著作權法》？

法院見解：小莊信任其與小怡公司簽訂之「區域經銷商加盟契約書」，並相信小怡公司擔保所播放之頻道節目係取得合法授權之可能，難認小莊有侵害著作權之故意，故判無罪。

法律見解：

　　按過失行為之處罰，以有特別規定者為限，刑法第12條第2項定有明文，著作權法第92條、93條第4款之罪，均無處罰過失犯之特別規定，自以行為人有侵害他人著作權之犯罪故意為必要。

本案分析：

　　法院認為，小莊為「加盟經銷商」，並自小怡公司提供之區域經銷商加盟契約書、宣傳文宣等，於客觀上信賴加盟總部擔保其頻道播送內容已經合法授權，並信任小怡公司屬於所謂「正規公司」，合法經營網路電視公司、有取得播放頻道之授權等情，始支付小怡公司十餘萬元之加盟金等費用成為小怡公司經銷商，因此小莊確有可能合理懷疑小怡公司是合法授權，難認小莊具有侵害他人著作權

之故意，基於無罪推定之原則，自應為小莊無罪之諭
知。

律師提醒

在本案中，雖然小莊因《著作權法》第92條、93條第4款
不處罰過失犯而無罪，但須注意的是，小莊於民事案件中另有
可能構成過失，而仍須對電視台負損害賠償責任

加盟契約中若有涉及著作權之授權事宜，加盟者應在取得
授權時，了解係取得何種著作財產權。此外，授權亦有區分專
屬授權及非專屬授權。所謂「專屬授權」，係指除了受授權者
外，其餘之人均不能使用該著作財產權。因此，若係約定專屬
授權，加盟者即絕對不得再授權給他人使用。

現今社會對於著作權之保護愈發重視，關於著作權之法律
問題，較一般民、刑事的法律問題較為少見，建議加盟總部或
加盟者若在加盟過程中遇到與著作權、商標權等問題，皆應尋
求律師的專業協助，避免日後遭民、刑事的追訴。

加盟總部違反《商標法》，不知情的加盟者也會受罰嗎？

【本案例改編自智慧財產及商業法院110年度刑智上易字第23號判決】

　　修老闆是「修到好」公司之負責人，公司的服務內容包括手機維修及販售3C配件（耳機、保護殼、電源轉接器等）。修老闆眼見公司運營順暢，且貨源客源皆充足，遂開放他人加盟。

　　嗣後，小純與「修到好」公司簽訂加盟契約，約定提供與「修到好」公司相同的服務內容。若加盟店因客人需要維修手機而欠缺零件、配件時，小純即會向加盟總部進貨。並且，修老闆對小純宣稱加盟總部所使用、發配予加盟店之零件、配件，皆係從原廠手機上所拆卸，為正版商品。

　　然而，修老闆其實進貨了部分來路不明的3C配件，且販售價格亦明顯低於市場行情。芒果手機商本身為3C產品、配件之商標權人，發現小純之加盟店正販售其芒果手機旗下產品的仿

冒品（非手機商製造卻使用手機商之註冊商標），便向警方報案，後檢察官偵辦並起訴小純與修老闆違反《商標法》第97條非法販賣侵害商標權之商品罪。

問題意識

　　加盟總部侵害了他人商標權，是否會連帶使加盟者也被認定侵害他人之商標權？

法院見解：小純並不知情「修到好」公司及修老闆的行為，故判決小純無罪。

法律見解（智慧財產及商業法院110年度刑智上易字第23號判決）：

　　另如附表一編號1至5所示商標註冊審定號之商標圖樣，係告訴人甲○○公司向智慧局申請註冊登記，而取得指定使用於如附表一編號1至5所示商品之商標專用權，現仍於商標專用期限內等情，有智慧局商標資料檢索服務資料等件附卷可參（見警卷一第62頁至第72頁背面、第110頁至第117頁），堪認被告乙○○購入後販售與加盟店即丙○○公司如附表二編號1、3至6、8所示之物，確屬仿冒他人商標之商品無訛。

本案分析：

　　法院對於修老闆在「修到好」公司從事的業務內容，認為其行為該當「販賣未得商標權人同意而於同一產品使用相同註冊商標之產品」，成立《商標法》第97條之非法販賣侵害商標權之商品罪，並經最高法院駁回上訴後判決確定。

　　對於加盟者小純的部分，因為修老闆一直以來都對小純表示加盟總部所提供之零件配件皆是原廠手機所拆卸者，來源皆是商標權人所製造之商品，且並無證據得以證明小純對於修老闆的行為有所知悉。再者，小純在檢察官持搜索票去加盟店裡搜索、扣押相關物證時，仍打電話詢問修老闆是否確有仿冒品之情事。法院因此認定小純主觀上並不知情所販售之商品係侵害商標權之商品，而不該當《商標法》第97條，故判決小純無罪定讞。

律師提醒

　　《商標法》之規範目的，在於保障商標權人之權利及消費者之利益，並維護市場公平競爭、促進工商企業正常發展。《商標法》第97條係禁止「販賣未得商標權人同意而於同一產品使用相同註冊商標之產品」等之侵害商標權行為，既為刑事責任，要以《刑法》的規範標準去判斷行為人是否有「故意」為

侵害商標權之犯意。

　　本件法院即以客觀上小純接收到的資訊與主觀上小純事發後的反應，認定小純其不知情，而無故意侵權之犯意。但若加盟者因為進貨的價格明顯低於市場價格，而有預見是仿冒品之可能，且並未反對或拒絕進貨，並認為賣仿冒品亦無不可，則有可能以《刑法》第13條第2項，認定加盟者對於構成犯罪之事實具備「間接故意」，仍會該當故意而觸犯《商標法》第97條。

　　律師在此也提醒加盟者，在加盟前應詳閱加盟契約，查證並確保加盟總部係經營合法生意；在加盟契約履行期間，也應注意是否有不合常理之處。若發現有違法情事，應該尋求律師協助，與律師商討後續應如何處理，千萬不要認為加盟總部犯法與自己毫無關聯，反而使自己有身陷囹圄之風險。

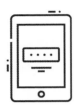

加盟者應如何確定加盟業務員有權代理加盟總部簽立加盟契約？

【本案例改編自臺灣桃園地方法院106年度易字第1439號刑事判決】

　　小安為A連鎖咖啡店之業務員，負責處理加盟者與加盟總部於加盟前之初步商討事宜。小安明知自己無權代表A連鎖咖啡店之負責人張老闆與加盟者簽約及決定加盟金額，卻在未得張老闆授權下，佯稱自己有權代表A連鎖咖啡店簽立加盟契約，並與有意加盟之阿梅簽約，更謊稱為逃避國稅局查稅，要求阿梅匯款加盟金兩百零八萬元至小安名下，再由小安轉交給A連鎖咖啡店。

　　阿梅不疑有他，而陸續匯款七十萬、八十萬、五十八萬元至小安之帳戶，然而，小安收受款項後，並未實際替阿梅處理加盟事宜。之後阿梅因遲遲未能至A連鎖咖啡店實習，察覺有異，經詢問張老闆後，才得知小安無權代表A連鎖咖啡店簽約。

問題意識

　　小安的行為成立何種犯罪？加盟者阿梅如何防範遭無權代理的人詐騙？

法院見解：小安身為Ａ咖啡店的業務員，竟利用職務機會詐取加盟者財物，構成詐欺取財罪，處一年二個月有期徒刑。

法律見解：

　　被告與甲○○洽談乙○○咖啡○○店加盟事宜時，利用擔任乙○○咖啡業務員之機會，明知自己無代表簽約之權利，對甲○○施以詐術，使甲○○陷於錯誤，誤認被告為有權代表乙○○公司簽約之人，而與被告簽訂「乙○○咖啡有限公司輔導創業協議書」加盟契約，並因此陸續匯款總計208萬元之加盟金至被告所有之臺灣銀行桃園分行帳號000000000000號帳戶內，而未確實替甲○○辦理加盟事宜，且後續僅將其中40萬元繳回乙○○咖啡之事實，堪以認定。

本案分析：

　　阿梅於法院審理時證稱：「①當初想加盟Ａ連鎖咖啡店而到總店詢問，店員給了我小安的名片，說加盟的事就

找小安處理，且我所拿到的小安名片上也有載明Ａ連鎖咖啡店，所以我不疑有他。小安說因為Ａ連鎖咖啡店正在被查稅，所以加盟金不能匯到公司帳戶，要我以現金方式交付給他，但我認為以現金交付對我沒有保障，因此我要求小安一定要給我帳號讓我匯款，但小安仍對我稱Ａ連鎖咖啡因為被查稅無法提供公司帳戶，只能提供個人帳戶給我。②當初簽約是跟小安簽，簽約時契約上沒有Ａ連鎖咖啡店用印，對此我有跟小安確認，小安跟我說他會將契約帶回公司，由公司用印也就是蓋大小章，之後我們有跟張老闆聯絡上，才知道小安沒有把加盟金交給公司。」

張老闆於法院審理時證稱：「正常加盟流程是先簽約，契約成立後向加盟者收取訂金，接著裝潢工班進場，而小安會就加盟者想要的加盟金額度來與我溝通，與我一起討論該加盟金是否可以接受，但在我不同意的情況下，小安不能直接向加盟者報價，應該是經Ａ連鎖咖啡店確定加盟金後，小安再向加盟者報價，Ａ連鎖咖啡店會將沒蓋大小章的合約書交給加盟者審閱，如果加盟者同意加盟時，小安再會同加盟者來與公司聯繫，到了簽約時我才會在加盟契約書蓋上公司大小章，並將最後的簽約金寫在契約書上，並會要求透過匯款方式將款項匯入Ａ連鎖咖啡店之指定帳號，所以小安並無與加盟者簽約之權限，公司也沒有授權小安代收加盟金。」

法院審酌小安正值壯年卻不思以正途獲取財物，竟為圖一己私利，利用任職Ａ連鎖咖啡店機會詐取財物，罔顧加盟者之信賴，亦嚴重破壞Ａ連鎖咖啡店之名譽，且犯後矢口否認犯行，亦未賠償阿梅分毫，更未曾試圖與阿梅達成和解，犯後態度欠佳，兼衡小安於本案詐取所得之金額、其教育程度、家庭經濟生活狀況等一切情狀，量處有期徒刑壹年貳月。

律師提醒

在本案例中，法院審酌加盟者及加盟業主之證詞，以及加盟契約等證物後，認為小安的行為顯然成立詐欺罪，此點並無疑問。然而，身為加盟者的阿梅，事前可以如何防範遭小安詐騙呢？

由法院判決可知，雖然小安有出示Ａ連鎖咖啡店的名片，但包括簽約時沒有Ａ連鎖咖啡店的大小章用印，甚至小安要求阿梅支付現金等，都有可疑之處，幸好阿梅堅持以匯款方式給付，為自己確實有給付加盟金之行為留下證據。

本案之後因張老闆為維護品牌的商譽，而自行吸收支付損失，讓小安順利開店。但若張老闆不願吸收，則之後應由誰承擔這個損失？各自應負擔多少？於法律上仍有很多爭執的空間。所以最好的方式，仍是加盟者事前即加以防範，就能避免

日後的紛爭，包含要求到總店簽約、以匯款方式給付加盟金以保留證據、要求簽約者提供有代理權限之相關證明等，都是能有效預防遭如本案之小安詐騙的方法。

加盟店的店員擅自挪用公款，
是否成立背信罪或侵占罪？

【本案例改編自臺灣桃園地方法院109年度訴字第110號刑事判決】

　　小智為小南連鎖超商（下稱加盟總部）的加盟者，僱用阿皮擔任店長，並請阿皮按照小智、加盟總部間之加盟契約所約定，每日將所經營分店的營業額，全數匯入加盟總部所指定之銀行帳戶中。然而，阿皮卻利用職務之便，數次少匯當日之營業額，而是於翌日或其後數個營業日，才將差額補匯至該指定帳戶中。

　　並且，為了掩飾上開犯行，阿皮自店內收銀系統列印現金日報表並加以拍照後，會以APP之修圖功能，更改現金日報表上的「本日應有現金」欄位，及拍照後之ATM交易明細之金額欄位，並再以通訊軟體LINE將變造後之照片傳送給小智，使小智誤信阿皮確有如實將營業額匯入加盟總部所指定之帳戶。加盟總部於核對帳目時，始發現上開情形，並以小智違約為由，

向小智終止加盟契約。

問題意識

阿皮之上開行為會成立哪些犯罪？

法院見解：阿皮的行為同時構成「背信」及「行使變造準私文書」罪，論以「行使變造準私文書罪」，處六個月有期徒刑。

法律見解：

按刑法上之背信罪，為一般性違背任務之犯罪。故為他人處理事務之人，若違背任務，將持有他人之物予以侵占，除成立侵占罪外，並無依背信罪處斷之餘地。但為他人處理事務之人，如以侵占以外之方法，違背任務，損害本人之利益者，即有背信罪之適用（最高法院95年度台上字第2504號判決意旨參照）。

本案分析：

阿皮之目的在於暫時挪用款項，而並無積欠匯款之情形，並沒有想要將款項佔為己有的不法所有意圖，故阿皮之行為是為小智處理事務卻違背任務，並損害小智之利益，應成立背信罪。

現金日報表及ATM交易明細拍照後之影像，是用以表彰各分店每日營業額及轉出帳戶、轉入帳戶之持有人間金錢移轉的電磁紀錄，可用作商業及交易紀錄之證明，故屬於《刑法》上的「準私文書」，因此阿皮之行為，成立行使變造準私文書罪。

阿皮將變造後之現金日報表及ATM轉帳交易明細畫面傳送予小智之目的，是為了在取信小智，使小智誤信阿皮有按日如數匯款，且阿皮所為行使變造準私文書與背信間有局部同一之情形，故應依《刑法》關於想像競合犯之規定，從一重論以行使變造準私文書罪處斷。

法院考量阿皮於犯罪後，均已坦承犯行，態度尚佳，且挪用資金之時間不長，並於數日內加以匯款返還，尚未使小智受到直接財物損害，並已與小智達成和解並賠償，且阿皮自陳高中畢業、目前在網咖及超商打工，月入約四至五萬元、家中有父親待其扶養之家庭生活經濟狀況等一切情形，量處阿皮犯行使變造準私文書罪，處有期徒刑六月，如易科罰金，以新臺幣一千元折算一日。

律師提醒

依《刑法》第220條第2項之規定，「錄音、錄影或電磁紀

錄，藉機器或電腦之處理所顯示之聲音、影像或符號，足以為表示其用意之證明者」，亦為文書。因此，在本案例中，阿皮所拍攝的現金日報表及 ATM 轉帳交易明細畫面，皆屬於《刑法》上的文書，阿皮以修圖軟體更改金額的行為，成立變造準私文書罪。

另外，雖然阿皮於事後均已將短少之金額補齊，然因為加盟總部因此和小智終止加盟契約，故法院認為小智仍有利益受損，故阿皮成立背信罪。然而，縱使小智沒有利益受損，阿皮單純變造金額之行為，亦足以成立變造準私文書罪，故切不可認為挪用公款的行為若之後有返還，就不成立犯罪。

加盟總部之職員違背其職務，並藉由職務機會獲取利益，是否構成背信罪？

【本案例改編自臺中地方法院101年度易字第910號刑事判決】

　　小壹公司為連鎖咖啡及茶飲之加盟總部，小王為該公司營業部專員，主要工作內容為掌管旗下連鎖咖啡及茶飲所需之原物料。依照小壹公司的規定，旗下加盟者所需原物料，均應向加盟總部進貨，由加盟總部向供應商叫貨後，再經由物流公司交付予加盟業者。

　　未料，小王於任職期間，藉由向不知名咖啡豆廠商叫貨，再提供給加盟者，從中謀取利益約新臺幣三百萬元。此外，小王之工作內容尚包括尋找有意願之加盟者。然而，小王卻告知有意願之加盟者，可以用頂讓方式以頂讓加盟店，小王居中賺取加盟費扣除頂讓費之價差。

問題意識

小王的行為是否構成背信罪？

法院見解：小王之行為構成背信罪，處五個月有期徒刑。

法律見解：

按刑法第342條第1項之背信罪，固以「違背任務之行為，致生損害於本人之財產或其他利益」為要件，而所謂「其他利益」，固亦指財產利益而言。但財產權益，則涵義甚廣，有係財產上現存權利，亦有係權利以外之利益，其可能受害情形更不一致，如使現存財產減少（積極損害），妨害財產之增加，以及未來可期待利益之喪失等（消極損害），皆不失為財產或利益之損害。

本案分析：

小王身為負責招攬潛在客戶加盟告訴人公司事業之營運部專員，明知小壹公司主要營收來源除向加盟業者收取原物料貨款外，即係向新加盟業者收取加盟金，不僅未依其任務積極招攬潛在客戶加盟小壹公司之事業，反鼓吹已向其等表示欲新加盟之潛在客戶頂下舊加盟店或舊加盟權利，妨害告訴人財產之增加，並造成告訴人可期待利益之

喪失，小王之行為顯然構成背信罪。

律師提醒

背信罪之構成需具備客觀上違反職務之行為，且須致本人財產上有所損害；主觀上對前開客觀行為具有故意。違反職務之行為，各行各業標準不一，並無一定之客觀標準。加盟總部若有遇到公司人員存有背信行為，應蒐集相關證據，並尋求律師協助，提起民、刑事訴訟，以保障加盟總部之權利。

取得加盟總部授權推廣加盟業務，
就可以用加盟總部名義，
與其他加盟者簽約嗎？

【本案例改編自臺灣士林地方法院101年度訴字第35號判決、臺灣高等法院102年度上訴字第753號判決】

　　小李與「辣辣餐飲店」的負責人劉老闆，簽定品牌加盟代理合約書，由劉老闆授權小李推廣「辣辣餐飲店」品牌之麻辣食品加盟連鎖業務。小李明知依該合約書之約定，其不得擅以「辣辣餐飲店」或「劉老闆」的名義與他人簽訂加盟合約或獲利保障條款之授權，如欲與加盟對象簽約，僅以其個人「小李」或其他合法名義為之。

　　未料，小李竟未經劉老闆的同意，委由不知情之刻印店偽刻「辣辣餐飲店」、「劉老闆」印章實物各一枚後，並向小楊偽稱已獲授權，逕以「辣辣餐飲店」及「劉老闆」之名義與小楊簽訂加盟契約，並收取加盟金。上開事實經劉老闆發現後，劉

老闆隨即對小李提出涉犯偽造文書等告訴。

問題意識

　　小李認為其與劉老闆簽訂加盟代理合約書，即已獲得可使用「辣辣餐飲店」知名義與加盟者簽約之授權，故無主觀上犯罪故意。小李上開主張有無理由？

> ## 法院見解：小李未獲得劉老闆授權使用「辣辣餐飲店」之名義與加盟者簽約，已構成偽造文書、行使偽造私文書等罪，處九個月有期徒刑。
>
> ### 法律見解：
>
> 　　告訴人雖同意由被告推廣「辣食房」加盟連鎖，並約定加盟相關權利金由被告收取、告訴人提供加盟店原物料、雙方得自原物料獲利之比例等事項，但綜觀全部契約條文，雙方並未約定被告推廣「辣食房」加盟連鎖業務時，應以何人名義與加盟者簽約，亦未約定日後加盟總部與加盟主簽約，各應負何權利義務。此亦為被告於本院準備程序中所是認（本院卷第46頁）。而在簽署加盟合約時，簽約之當事人需負加盟合約所約定之權利義務，承擔履約責任，若嗣後未能依約履行，該簽約當事人應負擔相

關違約、損害賠償等民事責任，進而影響商譽，事涉重大。故在一般情形下，簽約當事人縱或授權他人以本人名義簽約，當事先表明簽約條件，及事後要求閱覽契約文件，審慎檢視契約內容是否合理；而獲授權簽約之代理人，於簽約前後，亦會與本人確認契約內容是否符合真意，以免衍生無權代理或損害賠償等糾紛，乃為事理所當然。……在紙上或物品上之文字、符號、圖畫、照像，依習慣或特約，足以為表示其用意之證明者，以文書論，刑法第220條第1項條定有明文。本件被告在附表一編號1、2、3所示之各文書上，虛偽書立與「甲○○商行」營利事業登記編號相符之數字，作為所冒用簽約主體「甲○○商行」之統一編號；及在附表一編號4所示之文書上，虛偽書立與「甲○○商行」統一編號相符之數字，作為所虛構簽約主體「乙○○顧問國際股份有限公司」之統一編號，均具有表徵前開簽約主體均係經政府主管機關核准設立，而取得供識別之統一編號之意義，均應以文書論。被告無製作權，而在如附表一編號1、2、3所示之各文書上，假冒「甲○○商行」、「丙○○」、統一編號00000000號之名義，而製作上開文書與丁○○簽約，並主張契約內容以行使，已足生損害於「甲○○商行」、告訴人及丁○○對簽約對象之正確識別性，政府主管機關對於營利事業統一編號管理之正確性；……均係犯刑法第

216條、第210條之行使偽造私文書罪。

本案分析：

　　法院認為，劉老闆雖同意由小李推廣「辣辣餐飲店」的加盟連鎖，並約定加盟相關權利金由小李收取、劉老闆提供加盟店原物料等事項，但綜觀全部契約條文，雙方並未約定被告推廣加盟連鎖業務時，應以何人名義與加盟者簽約，亦未約定日後加盟總部與加盟主簽約，各應負何權利義務。再者，小李自陳其於本案行為前，曾從事加盟連鎖行業三十年，自知其是否確已獲得以劉老闆名義與他人簽約之權限，授權範圍為何等情，均屬涉及自己、告訴人、加盟者權利義務之重要事項，卻未以積極審慎態度與告訴人連繫確認，即自行委託刻印行刻「辣辣餐飲店」、「劉老闆」之印章，進而持之與他人簽約，亦與常情有悖。基於上開情事，法院認為小李所辯不足採信，應認小李明知其無製作權，仍假冒「辣辣餐飲店」、「劉老闆」之名義並私自刻印與加盟者簽約，已構成偽造文書及行使偽造文書之罪。老陳之行為構成偽造文書罪。

律師提醒

　　小李雖與劉老闆簽立加盟代理合約書，但是否代表著小李

已經獲得劉老闆的授權，並得以「辣辣餐飲店」及「劉老闆」的名義與第三人簽訂加盟契約，仍依視加盟代理合約書的具體約文加以認定。因此，如受加盟總部授權、委託辦理相關事宜，建議應將雙方之權利義務，白紙黑字訂立於契約中，並依契約所約定之內容辦理，切勿因自己的主觀認知而逾越契約所約定之內容，導致誤觸法網。

加盟金竟然能拿回來?!
是真加盟還是假加盟？

【本案例改編自臺灣高等法院高雄分院108金上重更一字第2號刑事判決】

　　阿財公司推出「發大財加盟合約」，約定加盟者僅須與加盟總部簽訂加盟契約，並支付十萬元加盟權利金後，即可獲得向公司提取產品之「提貨權利金」十萬元（亦即向公司提貨無須支付費用，但公司並不強制提貨），且每年皆可獲得六千元之「加盟犒賞金」；如有介紹親友加盟阿財公司，亦可以另外獲得推薦獎金等。在加盟契約期滿後，公司將一併發還加盟權利金及加盟犒賞金。如加盟者有提貨，即會將加盟權利金扣除提貨權利金，如提貨權利金於加盟期滿時仍有餘額，則一併在期約期滿後發還。

　　小林算了一算，加盟犒賞金相當於年利率有6%的利率，且無須強制提貨，於是決定與阿財公司簽訂六年期「發大財加盟合約」。因公司並未強制提貨，故小林均未曾向公司提貨，

決定等待加盟合約期滿後，領回十萬元加盟權利金及三萬六千元之加盟犒賞金。

不料，在發大財加盟合約契約期滿後，阿財公司無法依約發還小林的加盟權利金及加盟犒賞金，小林便憤而提告。

問題意識

阿財公司的「發大財加盟合約」，究竟是不是屬於加盟？抑或是構成《銀行法》中不法吸金、非法經營銀行業務等罪嫌？

法院見解：阿財公司的「發大財加盟合約」，實質上屬於吸金行為，阿財公司的負責人已違反非法經營銀行業務罪，處八年六個月有期徒刑。

法律見解：

(一)適用法律之前提要件 1.行為人的認定：①按銀行法第 125 條第 1 項前段之罪，係以違反同法第 29 條、第 29 條之 1 作為構成要件，就此等構成要件文義以觀，祇見客觀行為的禁止規範，而沒有特別限定應具備如何的主觀犯意，易言之，不必如同刑法詐欺罪，須有為自己或第三人不法所有之主觀意圖，然仍應回歸至刑法第 12 條第 1 項所

揭示的故意犯處罰原則（最高法院105年度台上字第2081號判決同旨）。②其中，同法第29條所定「收受存款」、第29條之1所定「視為收受存款」，係指同法第5條之1所規定，向不特定多數人收受款項或吸收資金，並約定返還本金或給付相當或高於本金之行為；或同法第29條之1所規定，以借款、收受投資、使加入為股東或其他名義，向多數人或不特定之人收受款項或吸收資金，而約定或給付與本金顯不相當之紅利、利息、股息或其他報酬之以收受存款論之行為而言。故行為人如以前揭方法向不特定之多數人收受款項或吸收資金，而因其非銀行未經許可經營前揭業務者，即與該罪之構成要件相當（最高法院103年度台上字第2499號判決同旨）；③從而，倘行為人認識其所作所為，將符合於上揭非法吸金罪所定的客觀要件情形，竟猶然決意實行，就應負此罪責（最高法院105年度台上字第2081號刑事判決同旨）；④此外，銀行法第125條第3項所稱之行為負責人，係指實際參與違法吸金決策之公司負責人而言，如非公司負責人，則以知情而參與吸金決策或執行吸金業務者為限，則論以共同正犯（最高法院84年度台上字第2932號判決同旨）。換言之，認定犯本案銀行法之人，非僅以實際參與吸金決策之公司負責人為限，就認識其所作所為，係未經許可而向多數人或不特定之人，吸收資金並約定返還本金或給付相當

或高於本金之金錢之行為，猶然決意參與吸金決策或實行吸金業務之人，均應論以共同正犯，不問犯罪動機起於何人，亦不必每一階段犯行均須參與，於可以預見的範圍內即應共同負此罪責（最高法院107年度台上字第624號判決同旨）。2.業務的認定：銀行法第125條第1項之罪，在類型上係違反專業經營特許業務之犯罪，屬於特別行政刑法，析論其罪質，因屬經營業務之犯罪，具有長時、延續、複次作為的特徵，故係學理上所稱集合犯之一種；其處罰之對象係向多數人或不特定人收受存款之人，應以是否對多數人或不特定人為之，並以所收受存款之時間及金額，依社會上之一般價值判斷，認係經營業務者為判斷標準（最高法院101年度台上字第5749號、105年度台上字第2081號判決同旨）。3.吸金方案的認定：①銀行法第29條之1「視為收受存款」之立法目的，在於維護經濟金融秩序，避免社會投資大眾受地下金融之優厚條件吸引致投入金錢而受法所不允許之投資風險。其中，是否「顯不相當」，以目前實務見解認為應參酌當時之經濟及社會狀況，在客觀上是否較之一般債務之利息顯有特殊之超額者，以決定之。而認定是否有「特殊之超額」情形時，應與當時一般合法銀行存款、債券市場等債務之利率相比較，蓋此等利率之金融機構等亦係對「不特定多數人」收受款項，若行為人所約定或給付之報酬，與此等合法銀行

存款、債券市場等利率顯不相當時，即足以使一般投資人為追求超額之高利，棄金融監理機構監管之合法募集資金方法於不顧，而發生「大量吸收社會資金」、「危害金融經濟秩序」之結果。是以，認定約定或給付之報酬是否有「特殊超額」情形時，應與當時一般合法銀行存款、債券市場等債務之利率相比較，方符合上揭銀行法之立法意旨（參照最高法院103年度台上字第2001號、101年度台上字第6802號、104年度台上字第1號判決同旨）。②然而，基於總體所得，包含資本所得與勞務所得，各有許多不同形式，資本所得的成長，不受個人人身條件的影響，取決於所採取的資本操作行為結果，但銀行法第29條之1連結同法第29條第1項之規定，構成限制資本所得的基礎來源（不得向多數人或不特定人收受款項或吸收資金）與操作分配（不得約定或給付與本金顯不相當之報酬）的結果，倘不論資本操作手段，一律僅以一般金融機構關於存款之利率水準為是否顯不相當之標準（如最高法院101年度台上字第2813號判決意旨），則過份限制人民對其財產的管理使用處分收益之決定，是為平衡政府維護金融秩序之需求與必要，應併參酌「行為人當時收取資金所宣稱將採取之資本操作手段，比較以該操作手段在當時之資本市場所能獲致之所得水準，是否有足以使一般投資人為追求超額高利而寧棄合法募集之資金之程度」為

宜。

本案分析：

法院認為，阿財公司的「發大財加盟合約」，雖然名義上為「加盟合約」，但本質上是向多數人或不特定之人收受款項或吸收資金（即加盟權利金），而約定或給付與本金顯不相當之紅利、利息、股息或其他報酬（即加盟犒賞金）而視為收受存款之業務，並僱用不知情之銷售業務人員，以阿財公司名義，向不特定人陸續實行推銷「發大財加盟合約」之方案，違反《銀行法》第29條、第125條之非法經營銀行業務罪，且因被害人眾多，法院最後判決公司負責人八年六個月有期徒刑。

律師提醒

現今商業模式型態愈發多樣，加盟總部為了擴展業務，可能會發想出諸多創新的商業模式，但在形成商業模式的過程中，仍應將契約交由律師審閱，判斷有無違反民事、刑事法律的風險，避免誤觸法網。從加盟者的角度而言，雖然合約名為「加盟合約」，且內容包含加盟權利金、提貨金等，看似確為加盟，但在磋商過程中仍應冷靜思考，若有疑慮應向律師尋求諮詢，避免受騙受害。

加盟設備經加盟總部同意由加盟者自行處理，是否仍構成毀損罪？

　　小田在阿藤咖啡廳工作，在110年3月24日小田決定加盟阿藤咖啡，圓自己的創業夢。小田與阿藤咖啡廳的負責人王老闆簽訂加盟契約並支付加盟金，以取得阿藤咖啡廳大安復興店之經營權。在加盟期間，小田與王老闆之間，就王老闆應交給小田之何種器具、設備等，雙方認知有所差異，產生糾紛。

　　因此，小田決定不再經營阿藤咖啡店，並將店內設備整理。老王另表示會將字牆、熱水器、烘豆機搬走。小田認為，冷氣設備為其所有，並請水電師傅將其拆卸，不料事後遭老王提起毀損罪之告訴。

問題意識
　　小田之行為是否構成毀損罪？

法院見解：小田主觀上並無毀損故意，故判處無罪。

法律見解：

衡諸被告既然係在本案咖啡廳已裝設空調設備及裝潢等之情況下特許加盟，且本案特許加盟合約書第6條第3項約定「甲方需提供裝潢，相關生財器具設備（此費用含於創業資金）」（見111偵續411卷第85頁），則被告確有可能認為其業已支付加盟金取得包含本案空調設備在內之裝潢，是被告稱其與一般加盟主不同，並非從無到有，而係沿用包含本案空調設備在內之本案咖啡廳舊有設備，其主觀上認為其已支付180萬元取得本案咖啡廳包含本案空調設備在內之設備等詞，自非無據。

本案分析：

王老闆曾向小田表示，僅有字牆及其他兩台設備為其所有，其餘設備均得由小田處理。因此，小田據此認定冷氣設備為其所有並拆卸之，並非無據，應認小田不具有毀損故意，故判處小田無罪。

律師提醒

毀損罪須有客觀上使非屬自己持有支配物品毀棄或致令不

堪用之行為，主觀上要認識到所欲毀損之物品非自己所有，並認識到毀損行為，才會構成毀損罪。

在本案例中，法院之所以為無罪判決，主要理由在於加盟總部所提供之設備與加盟業所認知設備，兩者有所差異，且項目上有所不同。加盟者認為冷氣屬於其所有之物品，而非加盟總部提供，雖然客觀上有毀損之行為，但其主觀上認為該冷氣已屬可自由支配範圍，不具毀損故意，因而獲判無罪。

加盟契約中，就加盟所需要的設備等，多會約定由誰提供、契約終止時如何回收、處理等約定。然而，若有遇到加盟契約未有規定時，建議加盟總部或加盟者皆應先尋求律師意見，再就相關設備為合乎法規之處置或由律師代表與對方協商，並避免擅自處理，反遭事後求償的局面。

第三部

行政責任

加盟事務是否可能構成多層次傳銷？

【本案改編自臺北地方法院102年度簡字第130號行政訴訟判決】

　　中華公司旗下有一產品為「Yes5TV」，提供用戶電視機之機上盒，可在電腦上及手機上收看Yes5TV所提供影片、頻道節目。而中華公司開放加盟者支付加盟金，加盟推廣Yes5TV機上盒之業務，且中華公司另定有推廣獎金、全國分紅、業務佣金、同階獎金等獎金項目。孰料，中華公司之商業模式遭競爭業者檢舉違反相關法令。

問題意識

　　中華公司的加盟模式，是否構成多層次傳銷？

法院見解：中華公司之加盟模式，具備多層次傳銷之特徵，故裁處五萬元罰鍰。

法律見解：

由上開公平交易法規定，可知多層次傳銷事業係指事業透過不同層級之參加人銷售商品或提供服務，每一參加人於加入該傳銷組織後，即取得銷售商品或提供勞務及介紹他人加入組織之權利，參加人除可銷售貨品賺取利潤外，尚可招募、訓練新的參加人，自行建立銷售網路，因此享有上游多層次傳銷事業為獎勵其建立銷售網路而發給之獎金或其他經濟利益，具有「團隊計酬」之特徵及多層級之獎金抽佣關係。

本案分析：

法院認為，中華公司所採 Yes5TV 事業係先以加盟商之地位，使加盟者取得銷售商品及介紹他人參加之權利，並依序晉升至經銷商、代理商、總代理商等職級，而中華公司核發獎金數額係按職級高低計算，項目包括推廣獎金、業務佣金、展店補助、同階獎金、展店津貼價差、收視戶部分之獎金、全國分紅及通路分紅等，區代理商達成三位代理商的業績，合計三位代理商的業績目標，則給予區代理商每件加盟案十九萬元（加盟金一百萬

元時）之業務佣金，即可因組織下階職級之銷售業績而抽取一定成數之佣金，具有團隊計酬之特徵及「多層級之獎金抽佣關係」，應已合於《公平交易法》第8條第1項規定之要件，而中華公司未於開始實施前向被告報備，經公平交易委員會認定違反依據《公平交易法》第23條之4所訂定之多層次傳銷管理辦法第5條第1項規定，應屬有據。

簡言之，中華公司的加盟模式，亦兼具「團隊計酬之特徵」及「多層級之獎金抽佣關係」，違反《公平交易法》及多層次傳銷管理辦法之相關規定，故裁處中華公司5萬元之罰鍰。

律師提醒

加盟與多層次傳銷之主管機關皆為公平交易委員會，並有相關之處理規則。在商業模式日新月異的現代社會，加盟總部除了傳統意義上的加盟條款外，可能會另行發想、創新新興的加盟模式，吸引加盟者前來加盟。然而，除一般民、刑法須遵守外，加盟總部應詳加注意主管機關所訂立的相關規則，避免如本案例中違反多層次傳銷規定，而遭裁處罰鍰之情形。

巷弄超商未充分揭露進貨量、商品銷進比等加盟資訊，加盟者應如何救濟？

【本案改編自最高行政法院107年度判字第530號判決】

　　小明在便利商店打工，存得人生第一桶金後，決定加盟巷弄超商，自己擔任老闆。

　　小明與巷弄超商簽訂的加盟契約中，約定銷進比不可大於95%。此規定使小明之每月食品須報廢三至五萬元，造成小明的嚴重損失。且若加盟店未達公司標準，會遭到巷弄超商處以上課、處分、開單等處罰，若累積一定次數後，巷弄超商將不發給人事補償費；更甚者，若加盟者不服從巷弄超商之指導，加盟契約將遭巷弄超商終止。

　　然而，小明認為巷弄超商並未在加盟契約訂定之初，揭露最低建議訂貨量、商品銷進比等加盟經營關係限制事項，小明遂向公平交易委員會檢舉巷弄超商違反《公平交易法》之規定。

問題意識

巷弄超商是否構成《公平交易法》第二十五條中「直接或間接影響市場交易秩序」之要件？

> **法院見解：巷弄超商未在訂約前說明訂貨量、商品銷進比等資訊，違反《公平交易法》第二十五條，裁處三百萬元之罰鍰。**
>
> **法律見解：**
>
> 　　由於公平交易法第25條規定之顯失公平足以影響交易秩序，為不確定法律概念，為使該規定之適用具體化、明確化，被上訴人特別訂定《公平交易委員會對於公平交易法第25條案件之處理原則》（下稱第25條處理原則），依行為時之該處理原則所示，以足以影響交易秩序為要件，作為該條與民法、消費者保護法等其他法律之區隔，而判斷足以影響交易秩序時，應考量是否足以影響整體交易秩序，如：受害人數之多寡、造成損害之量及程度、是否會對其他事業產生警惕效果、是否為針對特定團體或組群所為之欺罔或顯失公平行為、有無影響將來潛在多數受害人效果，且不以對交易秩序已實際產生影響者為限（見行為時第25條處理原則第5點第2項）；另所稱

「顯失公平」，是指以顯失公平之方法從事競爭或商業交易者，其常見具體內涵主要可分為三種類型：……（三）濫用市場相對優勢地位，從事不公平交易行為具相對市場力或市場資訊優勢地位之事業，利用交易相對人（事業或消費者）之資訊不對等或其他交易上相對弱勢地位，從事不公平交易之行為。常見行為類型如：1.市場機能失靈供需失衡時，事業提供替代性低之民生必需品或服務，以悖於商業倫理或公序良俗之方式，從事交易之行為。2.資訊未透明化所造成之顯失公平行為（見行為時第25條處理原則第7點）。又加盟關係屬資訊不對等及重複性交易的模式，加盟業主較交易相對人具相對優勢地位，其在契約存續期間對加盟經營關係所設的限制，無論該等限制是否為維護加盟品質或品牌形象所必須，該等重要交易資訊仍應於締結加盟經營關係前充分揭露，使加盟者能在締約前獲得正確的交易資訊，否則不足以衡平加盟業主與有意加盟者間之高度資訊不對稱地位。就此，被上訴人為維護連鎖加盟交易秩序，確保加盟事業自由與公平競爭，有效處理加盟業主經營加盟業務行為涉及違反公平交易法規定案件，訂定加盟處理原則，來規範加盟業主的資訊揭露問題，行為時加盟處理原則第3點第1項規定：「加盟業主於招募加盟過程中，未於締結加盟經營關係或預備加盟經營關係之10日前或個案認定合理期間，以書

面提供下列加盟重要資訊予交易相對人審閱，構成顯失公平行為，但有正當理由而未提供資訊者，不在此限：……（七）加盟契約存續期間，對於加盟經營關係之限制，例如：1.商品或原物料須向加盟業主或其指定之人購買、須購買指定之品牌及規格。2.商品或原物料每次應訂購之項目及最低數量。3.資本設備須向加盟業主或其指定之人購買、須購買指定之規格。4.裝潢工程須由加盟業主指定之承攬施工者定作、須定作指定之規格。5.其他加盟經營關係之限制事項。……」核係被上訴人基於執行法律之職權，所訂定之解釋性行政規則，以為行使職權、認定事實、適用法律之準據，無違公平交易法第25條為維護交易秩序、確保公平競爭之規範意旨及立法目的，自得予援用。

本案分析：

　　法院認為，本件巷弄超商於招募加盟過程，未於締結加盟經營關係前，以書面向交易相對人揭露「最低建議訂貨量或商品銷進比規定」之系爭事項。而巷弄超商身為在加盟經營關係中提供商標或經營技術等授權，協助或指導加盟店經營，並收取加盟店支付對價之加盟業主，在繼續性的加盟經營關係中，其旗下加盟店對於巷弄超商在交易上之依賴程度甚深，已足認巷弄超商較諸加盟店係具相對

市場力或市場資訊優勢地位之事業。不論巷弄超商的加盟店是以特許加盟或委託加盟的方式參與加盟經營關係，商品的報廢損失依約定都是由加盟店負擔，是加盟店自加盟經營關係中可得報酬的減項，而訂貨量與商品銷進比，乃報廢損失金額的直接影響因素，因此，該等事項的限制，攸關加盟者是否決定交易之判斷，當然是加盟的重要交易資訊。

從而，加盟業主在未締結加盟經營關係之前，應該充分揭露，並以加盟經營關係不是單一個別非經常性之關係，身為加盟業主之巷弄超商有復為相同或類似行為致影響將來潛在多數受害人之效果，已然合致足以影響交易秩序之要件。是以，巷弄超商在招募加盟過程，未於締結加盟經營關係前，以書面向交易相對人充分且完整揭露系爭限制事項，為足以影響交易秩序之顯失公平行為，認為巷弄超商違反《公平交易法》第二十五條規定。

簡而言之，巷弄超商在簽立加盟契約前，確實未向小明充分揭露、說明訂貨量、商品銷進比，已然構成「足以影響交易秩序」之要件，違反《公平交易法》第二十五條之規定，故裁處巷弄超商三百萬元之罰鍰。

律師提醒

　　是否構成「直接或間接影響交易秩序」之判斷標準，應考量：①是否足以影響整體交易秩序，如：受害人數之多寡、造成損害之量及程度、是否會對其他事業產生警惕效果、是否為針對特定團體或組群所為之欺罔或顯失公平行為、有無影響將來潛在多數受害人效果，且不以對交易秩序已實際產生影響者為限；②是否濫用市場相對優勢地位，從事不公平交易行為具相對市場力或市場資訊優勢地位之事業，利用交易相對人（事業或消費者）之資訊不對等或其他交易上相對弱勢地位，從事不公平交易之行為。常見行為類型如：1.市場機能失靈供需失衡時，事業提供替代性低之民生必需品或服務，以悖於商業倫理或公序良俗之方式，從事交易之行為；2.資訊未透明化所造成之顯失公平行為。

　　加盟關係屬資訊不對等及重複性交易的模式，加盟總部較交易相對人具相對優勢地位，其在契約存續期間對加盟經營關係所設的限制，無論該等限制是否為維護加盟品質或品牌形象所必須，該等重要交易資訊仍應於締結加盟經營關係前充分揭露，使加盟者能在締約前獲得正確的交易資訊，否則不足以衡平加盟業主與有意加盟者間之高度資訊不對稱地位。

厝邊雜貨店於加盟契約中約定「建議最低進貨量」，是否違反《公平交易法》第二十五條之規定？

【本案例改編自臺北高等行政法院判決106年度訴字第616號行政判決】

　　小曾與厝邊雜貨店簽訂加盟契約，加盟契約中約定「加盟店須依其指示訂、進貨及其他經營事項」。小曾認為此等規定迫使加盟店採購不符合經營利益之商品數量，屬強制不當限制加盟店進貨、採購之行為，而厝邊雜貨店亦未於加盟過程中，以書面向加盟店完整揭露加盟經營期間須配合指示或要求訂購商品，及最低建議訂貨量或標準等加盟經營關係限制事項，故向公平交易委員會檢舉。嗣後，厝邊雜貨店遭公平交易委員會裁罰五百萬。

問題意識

　　「最低訂貨量」或「最低建議購買數量」是否構成直接、

間接影響市場秩序或顯失公平？

法院見解：加盟契約約定「建議」訂貨數，並非強制加盟者訂貨，故判決原告勝訴。

法律見解：

公平交易法第25條規定：「除本法另有規定者外，事業亦不得為其他足以影響交易秩序之欺罔或顯失公平之行為。」所謂「顯失公平」係指以顯然有失公平之方法從事競爭或營業交易，而利用資訊不對稱之行為，即為常見類型之一。

本案分析：

法院認為，厝邊雜貨店此種就加盟店訂貨自由意思之輕度干涉，應認為屬於「加盟業主對加盟店為經營管理監督」的本質內涵，法律不宜過度介入，縱未事先揭露，亦非顯失公平。又厝邊雜貨店建議最低訂貨量之營業監督手段，是否已達壓抑加盟店之訂貨自由意思之程度，應依一般加盟店主之反應觀之，而非依少數特例觀之，若某加盟店主個人主觀上過度害怕解約，把原告之「警告、參加檢討會議、營運評分考核、經常性訪店」之輕度手段，均認定有重大違約或不能續約之高度危險（實為低度危險），

該加盟店主故而未與區顧問爭執溝通，即悉數遵行，實難因此認為一般加盟店之訂貨自由意思已普遍受到壓抑。

並且，厝邊雜貨店之口頭警告、參加檢討會議，營運評分考核等輕度干涉，不足以壓抑加盟店訂貨自由意思，為商業營業監督可容許之範圍，故厝邊雜貨店縱使未於締約前事先揭露，亦未顯失公平。

律師提醒

在加盟超商過程中，商品進貨、商品報廢、商品採購數量等數據，係由加盟總部依照過去資料統計而成，對加盟者至關重要，乃影響加盟者未來經營盈虧之重要依據，惟加盟總部並非一定必須提供此類數據，但若未提供此類數據，待加盟者加盟後，又強制採購最低數量，就會被認為違反《公平交易法》第二十五條，有直接或間接影響市場交易秩序，剝奪其他同業競爭機會之問題。在類似案例中，公平交易委員會認為厝邊雜貨店之作法僅是良性勸誘，所以最後才撤銷公平會原本裁處五百萬元之行政處分。

加盟超商時，
加盟總部應揭露哪些重要資訊？

【本案例改編自臺北高等行政法院104年度訴字第421號行政判決】

　　旺旺百貨為加盟總部，對外招募有興趣之夥伴來加盟，依據公平會所發布之「公平交易委員會對於加盟業主經營行為之規範說明」第3點資訊揭露規範之規定，旺旺百貨與加盟者於締結加盟經營關係前應以書面向加盟者提供相關資料。

　　為了符合法律規範，旺旺百貨揭露「招牌裝潢」、「附屬商品」、「廣告行銷」等商標權利內容，及商標之有效期限記載五年，並揭露選定加盟門市所在地（按縣、市）前一會計年度，該區終止加盟店佔該區全數加盟店淨比例數，但旺旺百貨被公平交易委員會認定未符合上開規範第3款、第6款之規定，依法裁罰五十萬元罰鍰。

問題意識

本件爭執的法律規定為：公平交易委員會對於加盟業主經營行為之規範說明第3點第1項資訊揭露規範之第3款「商標權之權利內容及有效期限」及第6款「所有縣（市）同一加盟體系之數目、營業地址及上一年度解除、終止契約比率之統計資料」；第五點「事業違反第三點規定，且足以影響交易秩序者，構成《公平交易法》第二十五條之違反」。

依上所述，旺旺百貨揭露資訊程度是否符合規範？若不符合，則違法情形是否足以影響交易秩序而須開罰？

法院見解：法院認為旺旺百貨未充分揭露資訊而足以影響交易秩序，故判決旺旺百貨敗訴。

法律見解：

前開規範說明第3點第1項、第2項第3款及第6款規定：「（第1項）加盟業主與交易相對人締結加盟經營關係10日前或個案認定之合理期間，以書面提供加盟重要資訊予交易相對人者，得認未隱匿重要資訊，不構成公平交易法第24條之違反。（第2項）前項加盟重要資訊，例示如下：⋯⋯（三）商標權、專利權及著作權等，其權利內容、有效期限、授權使用範圍與各項限制條件。⋯⋯

（六）所有縣（市）同一加盟體系之數目、營業地址及上一年度解除、終止契約比率之統計資料。本款之營業地址，得以電子文件為之。……」。如上述，上開加盟主規範說明，係公平交易委員會為確保加盟事業之公平競爭，避免加盟業主於招募加盟過程中，隱匿重要交易資訊，影響連鎖加盟之交易秩序，復參酌美國、日本、法國、加拿大、墨西哥及澳洲等外國立法例，訂定並迭次修正，為解釋性行政規則，供為公平交易法之主管機關即被告之承辦人員作為行使職權、認定事實、適用法律之準據。該規範說明就關於資訊揭露方式所為之解釋，乃具體化公平交易法第24條之構成要件，並無逸脫該規定之意旨，其明訂加盟業主倘有未依規定揭露資訊，且足以影響交易秩序者，將有違反公平交易法第24條規定之法律效果，參照上開說明，核同屬被告依職權對公平交易法第24條法律條文中不確定概念所作之合理詮釋，核與公平交易法第24條、第24條案件處理原則等相關規定並無違背，亦未對人民權利之行使增加法律所無之限制，於法律保留原則無違，亦不生授權是否明確問題（參見最高行政法院102年度判字第90號判決意旨即採相同見解）。另上開加盟契約規範說明，既係就行政法規所為釋示，闡明法規之原意，應自法規生效之日起有其適用，另行為時加盟主規範說明第3點雖有修訂？但無重大差異，均應併予敘

明。

本案分析：

　　法院認為「商標權之權利內容及有效期限資訊」，牽涉加盟者加盟後是否有權使用該商標做為營業表徵（如品牌名稱、標章等），以及對他人之使用得否主張排他效力，且其得以繼續使用期間為何、加盟後是否會面臨須變更該營業表徵等重大商業考量因素，常影響其加盟意願。同時加盟是繼續性交易關係，能否持續經營亦為加盟之重要考量因素，故商標權之權利內容、有效期限等事項，自屬加盟者判斷加盟與否之重要資訊之一，因此前開規範說明第三點乃明文列入重要資訊，要求加盟總部應予揭露。本件原告書面資料僅揭載商標權之權利內容為招牌裝潢、附屬商品、廣告行銷等，及有效期限為五年，自尚不足使加盟者完整獲悉其支付一定對價，取得授權使用之商標權其權利內容與有效期限等重要交易資訊，進而影響其作成交易決定，當屬憑藉相對優勢地位對於加盟者所為之顯失公平行為。

律師提醒

　　本件法院認為，加盟總部並未充分完整揭露加盟重要資

訊，雖旺旺百貨主張其已揭露相關資訊，且有告知加盟者所有門市資訊可於經濟部商業司網站中查詢，但判決立場認為係揭露的程度問題，網站中無法查到即時的門市資訊，仍應由加盟總部提供，如果加盟總部提供的資訊尚欠缺足以影響加盟者作成是否加盟的重要資訊，就可能被認定為未充分完整揭露而違法，律師提醒若加盟總部不清楚加盟資訊揭露義務為何，可以向律師諮詢，透過裁判實務研究了解重要資訊的範圍，在保護營業秘密與遵守法規中取得平衡點。

另外，本件法院承襲最高行政法院94年判字第479號裁定之立場，表示《公平交易法》第二十四條（現為第二十五條）之適用並不以產生實害為前提，是判斷事業行為是否構成該條所稱「足以影響交易秩序」，只要該行為實施後有足以影響交易秩序之可能性，達到抽象危險性之程度為已足，故本件原告只揭露部分商標權利內容，及選定加盟門市所在地（按縣、市）前一會計年度，該區終止加盟店佔該區全數加盟店淨比例數，縱使未產生加盟者的實際損害，法院亦認為原告未充分完整揭露加盟重要資訊之行為已足以影響交易秩序，而維持公平交易委員會對原告的裁罰決定。

餐飲業加盟總部開放加盟時，
應揭露哪些資訊？

【本案例改編自公平交易委員會公處字第110018號】

　　小張開了一家豚豚拉麵店，業績穩定後，小張希望能擴大營業，於是便到加盟展設攤位，吸引加盟者前來加盟。

　　特愛吃拉麵的阿日看到豚豚拉麵店的加盟資訊後，便與小張就加盟事務稍作了解，即與豚豚拉麵店簽訂加盟契約，並交付加盟金。事實上，阿日就加盟後的裝潢工程及費用、食材進貨詳細金額及數量及營業器具項目等，均仍不清楚，並多次傳Line向小張詢問。事後，阿日認為就加盟事務的諸多事項，小張根本未事前揭露，遂向公平交易委員會檢舉。

問題意識

　　豚豚拉麵店違反了何種規定，而須被公平交易委員會裁罰？

公平交易委員會見解：豚豚拉麵店因未於簽約前向阿日揭露加盟事務的資訊，故裁處新臺幣十萬元罰鍰。

法律見解：

按公平交易法第25條規定：「除本法另有規定者外，事業亦不得為其他足以影響交易秩序之欺罔或顯失公平之行為。」所稱「顯失公平」，係指以顯然有失公平之方法從事競爭或營業交易；所謂「交易秩序」，則指包含水平競爭秩序、垂直交易關係中之市場秩序，以及符合公平競爭精神之交易秩序。蓋招募加盟過程中，加盟業主與交易相對人（即有意加盟者）間存有高度訊息不對稱性，於締結加盟經營關係前，交易相對人對於加盟重要資訊難以全然獲悉，故加盟業主倘利用其資訊上之優勢，未於招募加盟過程中，提供加盟重要資訊予交易相對人審閱，即與交易相對人締結加盟契約，乃屬利用資訊不對稱之行為爭取交易，對交易相對人顯失公平。又因加盟招募屬繼續性之交易模式，倘考量受害人數之多寡、造成損害之量及程度，以及有無影響將來潛在多數受害人之效果等因素，認足以影響交易秩序者，即有違反公平交易法第25條規定。復按同法第42條規定：「主管機關對於違反第21條、第23條至第25條規定之事業，得限期令停止、改正其行

為或採取必要更正措施，並得處新臺幣5萬元以上2,500萬元以下罰鍰；屆期仍不停止、改正其行為或未採取必要更正措施者，得繼續限期令停止、改正其行為或採取必要更正措施並按次處新臺幣10萬元以上5,000萬元以下罰鍰，至停止、改正其行為或採取必要更正措施為止。」
二、有關開始營運前及加盟營運期間之各項費用資訊（例如購買商品、原物料費用等應支付予加盟業主或其指定之人之費用），攸關有意加盟者須投資之成本及評估營業獲利之資訊，加盟業主常為確保商品品質一致性，要求交易相對人於開始營運前及加盟營運期間須向加盟業主或其指定之人購買商品、原物料，對有意加盟者乃為相當且必要支出之費用。是倘加盟業主於招募加盟過程中，除有加盟業主與交易相對人間未具資訊不對稱關係之正當理由外，未於締結加盟經營關係或預備加盟經營關係之10日前、個案認定合理期間或雙方約定期間，以紙本或電子郵件、電子儲存裝置、社群媒體、通訊軟體等方式，提供相關加盟重要資訊，即與交易相對人締結加盟經營關係，對交易相對人顯失公平，且足以影響交易秩序者，將違反公平交易法第25條規定。

本案分析：

公平交易委員會認為，豚豚拉麵店並未提供阿日開始

營運前之各項費用（如裝潢工程及費用、營業器具）及加盟營運期間之費用（如食材進貨詳細金額及數量）等重要資訊予阿日審閱。

再者，公平交易委員會亦以「問卷」之形式，向已經加盟豚豚拉麵店之加盟者，詢問於加盟豚豚拉麵店時，豚豚拉麵店是否有向加盟者說明上開事項。後經三十三家加盟店回覆，其中，有六家加盟店稱豚豚拉麵店未說明或僅有口頭說明，並認為若知悉這些資訊，將降低加盟意願，且因未掌握上述資訊，實對現在營運有產生不利影響等。

因此，公平交易委員會認為豚豚拉麵店未揭露加盟的重要資訊，係屬足以影響交易秩序之顯失公平行為，違反《公平交易法》第二十五條規定。

律師提醒

依《公平交易法》第二十五條、第四十二條規定：「除本法另有規定者外，事業亦不得為其他足以影響交易秩序之欺罔或顯失公平之行為。」、「主管機關對於違反第二十一條、第二十三條至第二十五條規定之事業，得限期令停止、改正其行為或採取必要更正措施，並得處新臺幣五萬元以上二千五百萬元以下罰鍰；屆期仍不停止、改正其行為或未採取必要更正措施

者，得繼續限期令停止、改正其行為或採取必要更正措施，並按次處新臺幣十萬元以上五千萬元以下罰鍰，至停止、改正其行為或採取必要更正措施為止。」

　　且依《公平交易法》施行細則第36條規定，公平交易委員會係審酌營業額、加盟總店數、違法行為期間、配合調查態度、係屬初犯且已改正等因素，考量因裁罰之數額。在本件中，雖然僅被裁罰十萬元，但最高可是能裁罰至兩千五百萬元呢！所以加盟總部還是應注意加盟前對加盟者的揭露事項，避免遭加盟者檢舉而遭裁罰。

就餐飲業加盟之行銷事項，
是否應一併向加盟者揭露資訊？

【本案例改編自臺北高等行政法院105年度訴字第872號行政判決】

　　惡魔蛋糕店為加盟總部，強項是蛋糕、巧克力及麵包等，以此吸引小陳前來加盟，且雙方簽訂之加盟預約書第2點約定：「此預約金支付後，甲方（加盟總部）將協助乙方（加盟者）評估適合店面並提供相關體驗課程及教育訓練，如加盟者未履行惡魔蛋糕加盟專案，此預約金概不退還。」

　　嗣後，雙方正式簽訂加盟合約並給付加盟金，雖合約有載明加盟金包含店面裝潢及開店資本設備之費用，不另收取教育訓練費，但並未告知開始營運前購買商品及原物料之費用；又合約中約定：「甲方統籌辦理有關廣告規劃、促銷及企業形象相關活動，乙方必配合甲方之各項企劃與參與，經決定後，並貫徹執行，按甲方所設定之比例，並分攤費用，如應配合而未能配合致有損整體形象者，視有違約。」亦未揭露行銷所需金

額或預估金額，故公平會依據「公平交易委員會對於加盟業主經營行為之規範說明」第3點認定惡魔蛋糕店違反資訊揭露義務，依法裁罰四十萬元罰鍰。

問題意識

　　惡魔蛋糕店是否違反公平交易委員會對於加盟業主經營行為之規範說明：①第3點第1項第1款:「開始營運前之各項費用：購買商品、原物料，其金額或預估金額」、②第3點第1項第2款「加盟營運期間之各項費用：行銷推廣，其金額或預估金額」？

　　法院見解：惡魔蛋糕店未充分揭露資訊而足以影響交易秩序，故判決惡魔蛋糕店敗訴。

法律見解：

　　又按第25條案件之處理原則第5點規定：「（第1項）本條所稱交易秩序係指符合善良風俗之社會倫理及效能競爭之商業競爭倫理之交易行為，其具體內涵則為符合社會倫理及自由、公平競爭精神賴以維繫之交易秩序。（第2項）判斷『足以影響交易秩序』時，應考量是否足以影響整體交易秩序（諸如：受害人數之多寡、造成損害之量及

程度、是否會對其他事業產生警惕效果及是否為針對特定團體或組群所為之欺罔或顯失公平行為等事項）或有影響將來潛在多數受害人效果之案件，且不以其對交易秩序已實際產生影響者為限，始有本條之適用。至單一個別非經常性之交易糾紛，則應尋求民事救濟，而不適用本條之規定。」同原則第7點第3款第2目規定：「本條所稱『顯失公平』：係指『以顯失公平之方法從事競爭或商業交易』者。其常見之具體內涵主要可分為3種類型：……（三）濫用市場相對優勢地位，從事不公平交易行為具相對市場力或市場資訊優勢地位之事業，利用交易相對人（事業或消費者）之資訊不對等或其他交易上相對弱勢地位，從事不公平交易之行為。常見行為類型如：……2.資訊未透明化所造成之顯失公平行為。」可知，事業與個別廠商之交易行為非必然即屬單一個別非經常性之糾紛，蓋事業與不同交易相對人間之交易行為本有個別差異性存在，而其若有復為相同或類似行為致有影響「將來潛在多數受害人」之效果，應認合致「足以影響交易秩序」之要件，此時主管機關之被告基於公共利益之考量，並非不得依裁處時公平交易法第25條規定介入規範之，自不能再認事業之行為屬單一個別非經常性之行為。且裁處時公平交易法第25條規定之適用，亦不以產生實害為前提，只要該行為實施後，在客觀上構成顯失公平為已足。因此倘具相對

市場力或市場資訊優勢地位之事業，利用交易相對人（事業或消費者）之資訊不對等或其他交易上相對弱勢地位，從事資訊未透明化所造成之顯失公平行為，因高度傷害商業倫理及效能競爭之方式從事交易，應認合致「足以影響交易秩序」之要件，而得依公平交易法之規定處理之（最高行政法院100年度判字第1456號判決意旨參照）。

本案分析：

法院認為惡魔蛋糕店以其資訊相對優勢地位去招募加盟，持續與不特定人進行締約，屬於重複性之交易模式，其行為已影響與其締結加盟經營關係之多數交易相對人；又惡魔蛋糕店於簽訂加盟預約書時，即向有意加盟者先收取預約金（加盟訂金）三十萬元，雖在簽約後即轉為加盟總價款之一部分，惟簽訂加盟契約後還須支付兩百多萬元之裝潢及設備費用，投資金額不低，該筆投資成本將使加盟者變更交易對象之可能性降低，即加盟經營關係之締結具排他性，有意加盟者一旦與原告締約，即有使其他競爭同業喪失締約機會之虞，產生不公平競爭之效果。

律師提醒

本件法院認為加盟總部並未充分完整揭露營運前及營運中

的各項費用（購買原物料及行銷等），又從合約書看起來行銷部分似乎全由總部指揮，加盟者只能被動接受，上開加盟重要資訊皆會影響交易相對人作成加盟決定，加盟總部基於資訊優勢，於招募加盟過程，未以書面充分且完整揭露前開交易資訊，將妨礙交易相對人作成正確之交易判斷，致其權益受損而顯失公平，並對其他競爭同業產生不公平競爭之效果，且足以影響加盟交易秩序，違反《公平交易法》第25條之規定。

　　律師要提醒的是，法院對於加盟總部應充分完整揭露的事項，多認為要參照公平會公布之規範說明列舉事項，且應用書面來揭露以示謹慎，若加盟總部不清楚該揭露的事項及程度，可以向律師諮詢，亦可交由律師對您的行業別做實務判決研究，來完善您的資訊揭露以完盡法律規定之義務，避免受罰。另外在加盟法律關係中，經常在加盟預約書、合約書中為相關資訊揭露，並規定雙方權利義務範圍，所以合約的內容擬定也相當重要，此部分亦建議由律師協助撰擬及審閱。

第四部

勞資

未替加盟店員工投保勞保， 加盟總部或加盟者應負何責任？

　　蘇媽媽主張其兒子小蘇任職於李先生經營的「好好喝」飲料店某加盟分店的期間，某日不幸發生車禍而身亡，而小蘇先前並未被依法投保勞工保險，導致蘇媽媽未能領取勞保的喪葬及遺屬津貼一百二十七萬零五百元，因此，蘇媽媽對李先生及「好好喝」飲料店加盟總部提告，主張李先生、「好好喝」飲料店加盟總部及加盟總部負責人鄭女士應負連帶賠償責任。

問題意識

　　未替勞工投保勞保，若勞工於非上班期間意外身故，雇主也要負責嗎？

法院見解：「好好喝」飲料店加盟總部及負責人鄭女士，應連帶賠償蘇媽媽一百一十三萬零七百一十元，李先生則不負賠償責任。

法律見解：

查證人即任職於乙○○公司之丁○○於本院審理期間，來院證稱：甲○○是乙○○公司之加盟店，我們（指乙○○公司）對他們（指甲○○）有管理的權利，之前被告丙○○有要我們（指乙○○公司）協助計算班卡，核對上班時數，而核對時數是員工先寫後，我再核對一次，是每個月都會核對一次，而除鼎中店外，其他加盟店要求我們協助就會協助等語（見本院卷一84、85頁）；雖證人丁○○證稱係因有收取管理費方協助云云；惟一般單純加盟，衡情除原物料之供應及管理外，鮮有尚需受加盟主為其他管理之必要，然乙○○公司除可管理加盟之甲○○各分店外，尚可就各分店之員工薪資資料予以核對，已與通常加盟店與加盟主之運作模式有異；佐以證人即曾任職於甲○○分店之辛○○於本院審理期間，亦來院證稱：曾在梓官及鼎山店任職，而在梓官店時，因鼎中店有缺人，梓官店的店長叫我過去支援，而照領梓官店的薪水等語（見本院卷二第88、89頁）。是苟甲○○之各分店係各自獨立，當無在各分店缺乏員工之際，由其他分店支

援，然尚支領原分店薪資之情。是客觀上堪認甲○○之各分店，應均係隸屬於被告乙○○公司，而為連鎖店之性質並無獨立之性格。又再佐以戊○○之班卡，係由證人丁○○交付予原告所委託之己○○，此經證人丁○○陳述明確（見本院卷一第87頁、卷二第205頁），又依證人丁○○所證述，係被告丙○○交付戊○○之打卡資料，並告知將有人來拿取等語（本院卷一第87頁），是苟當時被告乙○○公司僅係單純協助核對資料，於核對後應逕自返還予被告丙○○，而由丙○○受原告請求後再予交付，被告等卻捨此不為，反係由被告乙○○公司之負責人即被告庚○○通知原告至乙○○公司拿取戊○○之資料，此經證人己○○來院證述明確（見本院卷二第193頁），又參以證人丁○○所證述上揭其所為之作為，均係以被告乙○○公司員工之身分所為，僅係受被告乙○○公司之法定代理人即被告庚○○之指示，堪認應係被告乙○○公司始為戊○○真正之僱主。

本案分析：

　　法院傳喚任職於「好好喝」飲料店加盟總部的陳小姐及任職於李先生加盟分店的王先生為證人，經兩人證稱，「好好喝」飲料店加盟總部有為分店員工協助計算上班時數，及調派各分店人手的事實，且鄭女士曾於報紙刊

登徵才廣告，協助各分店徵求員工，法院因此認為，此與一般單純加盟，僅由加盟總部供應及管理原物料之情形不同，故法院認定，「好好喝」飲料店加盟總部才是小蘇的真正雇主，而非李先生所經營的分店。

依勞工保險條例及《民法》的相關規定，若雇主不依法幫員工投保，勞工因此所受的損失，雇主應負賠償責任。而好好喝飲料店加盟總部，為僱用五人以上的公司，應有為小蘇投保勞保的義務，因此蘇媽媽請求賠償因此無法領取的喪葬津貼、遺囑津貼等，為有理由。

法院並依照勞工保險條例之規定計算，認為若「好好喝」飲料店加盟總部有為小蘇投保勞保，則蘇媽媽應可領取一百一十三萬零七百一十元的喪葬及遺屬津貼，故好好喝飲料店加盟總部及鄭女士，應連帶賠償蘇媽媽一百一十三萬零七百一十元。

律師提醒

本案最後判決李先生不用負賠償責任，但並不代表在其他案件，加盟者均會被認定不是「真正雇主」，而不用因此負賠償責任，法院會在個案中具體認定，究竟為加盟總部或加盟者，為員工的真正雇主，故無論身為加盟總部或加盟者，最保險的做法，均是依法為勞工投保相關保險，以免日後涉訟時，被法院認定應負有投保義務，而如本案中判賠一百多萬元。

附錄

加盟契約範本使用說明

說明：

本契約範例係參酌【經濟部商業司為協助業者合法經營加盟事業、促進加盟產業健全發展所為之契約例示】，不具法律上強制力，僅具教育、參考功能。如有擬約需求，請洽詢本所律師提供專業建議，根據雙方實際經營需求訂定契約條款內容。

（資料來源：經濟部商業司）

加盟契約

契約當事人：

加盟業主＿＿＿＿＿＿＿＿＿＿＿＿＿＿＿＿＿＿＿＿＿（以下稱甲方）

加盟店（加盟者）＿＿＿＿＿＿＿＿＿＿＿＿＿＿＿（以下稱乙方）

本契約之目的旨在就加盟業主（以下稱甲方）提供專屬的無體財產權包括但不限於＿＿＿＿標章與＿＿＿＿加盟店（或加盟店名稱）經營祕訣暨活用前述標章與經營祕訣；加盟店（乙方）則同意依本契約及加盟制度精神，加盟甲方連鎖加盟體系，維持甲方既有之一貫形象經營○○加盟店之業務，使雙方互利共生，完善○○加盟店之經營。

第一章　總則

第一條　加盟標的

甲乙雙方同意依本契約規定，按＿＿＿＿加盟制度經營＿＿＿＿加盟店。甲方提供乙方經營指導援助、技術指導援助及相關服務，乙方則同意於加盟分店店名：＿＿＿＿＿＿（地址：＿＿＿＿＿＿＿＿＿＿＿＿＿＿＿＿＿＿＿＿）以＿＿＿＿或其他由甲方所代理之品牌為名懸掛招牌，並遵從甲方指導與提供事項，經營＿＿＿＿加盟店。

第二條　加盟期間

本契約合作期間自中華民國＿＿年＿＿月＿＿日至民國＿＿年＿＿月＿＿日止共計＿＿年＿＿月＿＿天。前述期間屆滿前＿＿日，經雙方同意應辦妥續約手續，倘未辦理者，本契約於期間屆滿失其效力。

第三條　連鎖加盟體系之一致性
為確保＿＿＿＿連鎖加盟體系之一致性，雙方合意由甲方負責規劃加盟店之裝潢、陳列並供應產品及原物料給乙方。乙方營運加盟店時，應依照本契約忠實遵守甲方所提供之營運方法、祕訣及相關指導。加盟店之裝潢暨相關之營業生財設備悉由乙方自費添具。

第二章　加盟權

第四條　授權範圍

（一）乙方同意接受甲方之經營制度、祕訣與資訊；並依甲方所指示之方法，於加盟店使用＿＿＿＿標章、圖形及與此等文字標章、圖形相關之其他屬於甲方所有的著作權及相關之記號、設計、標（吊）籤、招牌或其他營業象徵。

（二）甲方同意授權乙方使用＿＿＿＿商標之正註冊／審定號為＿＿＿＿＿＿＿＿＿＿。

（三）甲方得因商業經營之所需，因應市場變化，適度調整商標使用及企業識別標識或調整變更營業空間及裝潢，乙方不得拒絕，所需費用由乙方自行負擔之。甲方若全部或大幅度更換商標、企業識別系統時，應得乙方同意。所需費用由雙方各負擔一半。乙方若不同意時，本契約自動終止，甲方應將該月份預收之權利金按比例、保證金無息退還給乙方，並補償乙方＿＿＿＿＿元整。

（四）乙方應依本契約之約定及相關法律規定使用甲方授予之權利，其授權使用均為非專屬授權之使用。若可歸責於乙方之不當使用致造成甲方損失時，乙方應賠償甲方＿＿＿＿＿元整，若情節嚴重，甲方得終止本合約。

第五條　授權限制

（一）乙方不得對甲方所授權之著作權、商標權及其他智慧財產權等
　　　權利為超出授權範圍之使用或利用，若乙方違反此約定而產生
　　　之衍生著作，於衍生著作完成時起，視為雙方業已同意將著作
　　　權財產權移轉給甲方，並由甲方取得著作權，乙方則同意不行
　　　使著作人格權。除此之外，若有其他損失，甲方亦得請求賠
　　　償。

（二）乙方就甲方所提供之整體裝潢空間設計，裝設及擺飾等，除本
　　　合約同意使用之範圍內，不得另行利用或模仿、重製、改作、
　　　實施。本契約關係終止、撤銷、解除後亦應嚴守上開之約定，
　　　若有違反，甲方得禁止乙方使用，乙方並應賠償甲方_____
　　　元整。

第六條　忠實遵守及保持形象義務

（一）甲方對於本契約有關之智慧財產權授權使用，包括但不限於專
　　　利權、商標權、著作權、營業秘密、KNOW-HOW、營業資訊
　　　等，應於本契約生效前合法取得，並於本契約存續期間盡善良
　　　管理人之注意義務維持上開權利之有效性。若因乙方使用本條
　　　權利產生法律爭議時，應由甲方全權負責處理，所需費用由甲
　　　方負擔，乙方則應配合之。若有可歸責於甲方之事由，於契約
　　　存續期間，上開權利遭撤銷、廢止、消滅、無法有效授權使用
　　　等情形，甲方應向乙方賠償損失_____元整，情節嚴重時，乙
　　　方得終止本契約。

（二）乙方營運加盟店面使用甲方之經營制度、祕訣與資訊暨相關之
　　　標章、圖形或其他營業象徵，除忠實遵守甲方的指導外，更應
　　　積極致力於保持_____的形象。

（三）乙方於契約期間自甲方處取得之各項軟體技術、祕訣與資訊，
　　　於使用上開資料時不得有降低_____的形象或有害加盟制度之
　　　行為，亦不得有侵害甲方之標章、圖形或其他營業象徵致損害

甲方營利等諸行為。

（四）乙方雖依本契約得使用_____標章、圖形及其他營業象徵，惟
不得利用相類名稱、圖形做為表現自己商號或企業名稱的手
段，亦不得擅自將前揭標章、圖形及營業象徵使用、記載於汽
車、廣告物或其他未經甲方授權的物品上。

第七條　與第三人合作

乙方因營運加盟店之需求，而需與第三人合作並使用甲方所有之標
章、圖形或其他營業象徵，應先以書面向甲方提出授權申請，並經甲
方書面同意授權後，始可使用甲方所有之標章、圖形或其他營業象
徵。

第八條　加盟金及履約保證金

（一）乙方於簽約之日應給付加盟金新臺幣_____元整及繳納履
約保證金新臺幣_____元整予甲方。

（二）前項加盟金於契約屆滿、終止、解除或其他情形，乙方均不得
請求全部或部分返還。

（三）乙方於簽約之日繳納履約保證金時，甲方應出具收據。乙方交
付甲方之保證金，做為乙方遵守本契約各項約定之履行保證，
如因違約而產生任何損失或費用，甲方得逕由保證金扣抵償還
之。雙方於契約期間屆滿未擬續約或因故終止本契約者，應於
完成本契約第二十五條之處理並結清雙方權利義務後，由乙方
憑原摯給之收據，由甲方無息歸還前述保證金。

（四）乙方於契約存續期間，於每月25日前應給付甲方次一月之權利
金新臺幣_____元整（或以前三個月份之全部銷售額之
_____％所計算費用之權利金）。

第九條　補充規定

乙方對於加盟店之經營應依甲方相關加盟規定（如附件）辦理，該規

定內容如有變更，除已違反本契約規定、有違誠信或顯失公平外，乙方同意接受甲方之變更，且甲乙雙方同意適用變更後的加盟規定內容，無須另行修訂本契約。

第三章　營業內容與方式

第十條　營業登記

乙方必須為取得營業登記之營業主，並於簽（訂）約時檢附營業登記影本予甲方。

第十一條　統一發票

乙方於成立加盟店前應申領統一發票，嗣於營運時配合銷貨開立統一發票，與加盟店營運相關各項稅賦悉由乙方負責。

第十二條　促銷及行銷活動

（一）為有效推展營運，產品之促銷活動概由甲方統一辦理，乙方完全了解其重要性，同意完全配合，惟鑑於實際需要，乙方得預先將擬刊登之廣告媒體文案送甲方核備，經甲方書面確認與_____形象不相違背後，乙方始得片面廣告。

（二）乙方營業所需之包裝材料與各類報表，悉由甲方統一印製並以原價供應，甲方為推展營運所指定之信用卡、贈券及優待卡，乙方完全了解，同意無條件接受並就手續費或優待差額自行負擔。

第十三條　招牌製作

甲方同意對乙方製作_____招牌之費用，贊助新臺幣_____元以為企業形象推廣費。

第十四條　電腦連線

配合甲方自動化管控業務之電腦連線作業，乙方應裝設傳真機暨電腦

數據機（機種由甲方統一採購安裝，費用由乙方負擔），並接受甲方的指導，定期將銷貨報表傳輸給甲方。

第十五條　輔導及建議
（一）甲方應定期給予乙方經營及技術之輔導及建議，乙方如遇經營及技術之問題，得向甲方申請派員輔導或給予建議。
（二）甲方於營業時間內赴加盟店進行品質管理、烹煮流程、服務態度及衛生安全等事物之輔導及稽核工作，乙方不得拒絕。
（三）甲方進行前項稽核工作，如發現乙方有缺失者，乙方應立即改善。

第十六條　營業管理
乙方應依相關法令規定營運加盟店，且應遵守下列事項：
1. 不得擅自變更產品作法、原物料及經營型態。
2. 有關加盟店銷售產品所需原物料，乙方同意依甲方所訂之項目，統一向甲方採購及配送。但經甲方以書面同意者，不在此限。
3. 除經營＿＿＿＿之業務外，於加盟店內不得兼營其他事業。
4. 不得於本加盟店外之其他場所，實施與＿＿＿＿制度同一或相類似之營業活動或其他行為。
5. 不得參加同業他公司之事業及不為不公平競爭之交易與活動。
6. 不得自行私自刻印＿＿＿＿頭銜印章，惟經甲方同意加列所屬門市區域中文名稱，不在此限。
7. 加盟店之營業人員應穿著甲方規定之制服。

第四章　教育訓練
第十七條　參加教育訓練
甲方應提供訓練計畫及年度加盟店研習，且乙方同意按時參加甲方舉辦之訓練計畫及年度加盟店研習會。

第十八條　訓練費用之負擔

乙方因參加訓練、研習所生費用，包括出差旅費、報名費、學雜費及其他費用，概由乙方負擔。

乙方未能參加甲方所舉辦之訓練計畫或年度加盟者研習會時，應擇期補訓，並自行負擔參加訓練、研習時實際支付之費用。

乙方同意本契約提前終止或解除時，前二項費用無庸退還乙方。

第五章　加盟店管理

第十九條　營運狀況報告及查核

（一）加盟店應自行負擔費用，於每一會計年度結束後15日內，將記載加盟業主所要求資訊之相關營運報告書提交予加盟業主。此外，於每一會計年度結束後90日內，加盟店應提供有關前一年度內，店家營運之相關收入及費用之完整報表予加盟業主。

（二）加盟店應自行負擔費用，以加盟業主所指定之格式、時間及地點，提交其他表格、報告、紀錄、財務報表及其他加盟業主合理要求之加盟店及店家之行銷、銷售及顧客之相關資訊予加盟業主。

（三）加盟業主及其授權之代表人得於正常營業時間內之任何時間，經合理事前通知加盟店，以加盟店之費用，檢查及複印所有店家營運相關之加盟店之帳簿、紀錄、表冊及稅務申報資料。加盟店應於此等查核過程中，對加盟業主所提出之其他合理要求，予以協助。

第二十條　加盟店之修繕

（一）加盟店之裝潢、招牌及相關之營業生財設備，如有修繕之必要，乙方應立即修繕，相關費用由_____負擔。

（二）甲方得定相當期限，催告乙方修繕前項生財設備，如乙方於其期限內不為修繕者，甲方得逕行終止本契約，並請求損害賠償。

第二十一條　更新裝潢

本加盟店開設滿＿＿＿年後，甲方得據加盟店使用情況請乙方重新裝潢，乙方完全了解其屬必要，無條件配合，相關費用由＿＿方負擔。

第二十二條　加盟店搬遷

本契約存續期間加盟店之營業場所，乙方若擬搬遷者，應取得甲方之書面同意。

第六章　契約期限與終止

第二十三條　終止契約

乙方於本契約存續期間若無意繼續經營者，應於三個月前以書面通知甲方，俟甲方同意後辦理結帳終止本契約，所繳納之履約保證金則按第八條之約定辦理。

第二十四條　違反契約

當事人之一方，違反本契約規定經他方書面定期勸導而拒不改善者，他方得終止本契約合作關係。如有損害並得請求損害賠償。

第二十五條　契約終止後之處理

（一）甲、乙方當事人若因故終止本契約或屆滿未再續約時，雙方結帳之貨款找抵的付款方式及票期仍按本契約規定之給付方式辦理。

（二）乙方因故停止、結束營業時，乙方應於結束營業日起＿＿＿日內自行拆除＿＿＿標章、圖形及此等文字標章、圖形相關之其他屬於甲方所有的著作及相關之記號，設計、標（吊）籤、招牌或其他營業象徵。

（三）加盟店應立即返還所有機密資訊、智慧財產權及其他與店家營運有關之所有資料，或其他由加盟店使用經加盟業主認定具機密性、屬於加盟業主之經營祕訣下，所產生資訊之原本及其複

本予加盟業主。

（四）本契約終止或屆滿時，加盟業主有權利但非義務，於本契約終止或屆滿之日後30日內通知其行使之意願，購買任何標誌、廣告用品、存貨或其他附有加盟業主商標之物品。由加盟業主支付購買此等項目之購買價金應為公平市價。

（五）本條於本契約屆滿或終止後仍繼續有效。

第七章　其他事項

第二十六條　商圈保障

（一）甲方於契約期間在乙方加盟店商圈半徑＿＿＿＿＿＿公尺內，不得自行或以他人名義成立第二家直營或加盟店。

（二）甲方如有違反前項規定，應賠償乙方新臺幣＿＿＿＿＿＿元。

第二十七條　競業禁止

（一）乙方同意為保障甲方之營業秘密與商業利益，於本契約關係存續期間，乙方不得承諾任何與甲方具競爭關係或有競爭之虞之事業體或組織擔任任何主管、受僱人或代理人，或為其任何利益支援該事業體或組織。除此以外，乙方不得創立任何與甲方具競爭關係或有競爭之虞的事業體或組織。

（二）前項合意於契約關係結束後二年內仍然有效。

（三）若乙方違反本條之規定，甲方得主張乙方由該違約行為所得之獲利做為損害賠償（乙方應給付甲方賠償金＿＿＿＿＿＿萬元整）。

第二十八條　保密條款

乙方（加盟店）於加盟前或本契約存續期間，及本契約關係結束後＿＿＿＿＿＿年內，對於自甲方所得知之營業秘密、經營管理知識及祕訣、擴充及推廣計畫、顧客名單、財務會計資料等甲方具有競爭價值之資訊，不得洩露給第三人，因過失而違反上開規定者，亦同。乙方並應責成員工、職員亦應遵守上開義務。若有違反，乙方應賠償甲方＿＿＿＿

元整。

第二十九條　保證人

乙方應覓妥甲方認可之保證人，保證乙方履行本契約之諸條款。若乙方違約或不能履行契約時，保證人當依本契約條款對甲方負保證及損害賠償責任，保證人並同意放棄《民法》第七百四十五條之先訴抗辯權。

第三十條　更換新保證人

契約期間或乙方結帳票據尚未兌現前，保證人欲中途退保時，應俟覓得新保證人並經甲方書面同意，並於原契約加註暨新保證人簽署而完成對保程序後，原保證人始得卸除保證責任。

第三十一條　契約轉讓

當事人之一方將其因契約所生之權利義務，概括的讓與第三人承受者，非經他方之書面承認，對他方不生效力。

第三十二條　準據法及管轄法院

甲乙雙方之權利義務，悉依本契約規定處理；本契約未規定者，以中華民國法律為準據法。

雙方同意因本契約產生爭議時概以契約文意為主，並同意以中華民國　　　　地方法院為定管轄法院。

第三十三條　契約修訂及拋棄、通知、標題、完整合約、可分性

（一）除經甲乙雙方或其授權之代表人書面簽名同意外，本契約之修改、調整或增補，以及本契約條款之放棄等，對於任一當事人均不生拘束力。

（二）任何依本契約之書面通知應以掛號信寄至相關當事人於本契約所留存之地址，或其他經該方當事人以書面通知所指定之地

址。通知以送達日做為收受日。

（三）本契約中之標題僅係為方便而設，於任何方面皆不影響本契約之解釋。

（四）本契約及其附件構成甲乙雙方之完整加盟關係，且優先並取代甲乙雙方間就本契約目的，於本契約存續期間起始日前所為之任何合意。

（五）若本契約之任一條款，或任一條款適用於任一人或任一情形屬無效或無法執行，本契約之其他條款，或其他條款適用於其他人或其他情形之效力不受影響。

第三十四條　附則

（一）契約期間甲方基於業務運作之需要所制定之相關制度與書面文件，除已違反本契約規定、有違誠信或顯失公平外，其效力視同本契約。

（二）有關「公平交易委員會對於加盟業主經營行為之規範說明」中之①加盟金、教育訓練、購買商品、資本設備等相關費用其項目、預估總額；②權利金之計收方式、經營指導、購買商品或原物料等定期應支付之費用等，其項目、預估金額；③商標權、專利權及著作權等，其權利內容、有效期限、授權使用範圍與各項限制條件；④經營協助及訓練指導之內容與方式；⑤加盟店所在營業區域設置同一加盟體系之經營方案或預定計畫；⑥所有縣（市）同一加盟體系之數目、營業地址及上一年度解除、終止契約比率之統計資料（以上資料詳附件一），甲方業已依規定於本合約簽立前十日，交由乙方攜回審閱無誤。

（三）乙方同意簽約人○○○於簽署本契約前，已審慎閱讀本契約之各項條款內容，並在自由之環境及意志下始簽署於本契約（手寫）之首頁及尾頁之乙方欄位。

（四）本契約一式二份經雙方簽署後生效，並各留執一份為憑。

立契約人：
甲方：
代表人：
住址：
營利事業或身分證字號：

立契約人：
乙方：
代表人：
住址：
營利事業或身分證字號：

中華民國　　　　　　　年　　　　　月　　　　　日

加盟契約條款檢查表

本檢查表係使加盟總部與加盟者即將簽立加盟契約時，得再就加盟契約是否已具備下列之條款內容及其違反效果，再作最後檢查。

（資料來源：作者自製）

條款內容	有無該條款	違約效果
加盟期間		
加盟期間 自民國＿＿年＿＿月＿＿日 至民國＿＿年＿＿月＿＿日	□ 有 □ 無	□ 解除／□終止契約 □ 違約金＿＿＿＿＿＿元 □ 其他
續約條款	□ 有 □ 無	
開店前所需支出費用及其分擔方式		
加盟金費用、給付日期、給付方式	□ 有 □ 無	□ 解除／□終止契約 □ 違約金＿＿＿＿＿＿元 □ 其他
履約保證金費用、給付日期、給付方式	□ 有 □ 無	□ 解除／□終止契約 □ 違約金＿＿＿＿＿＿元 □ 其他
開店前所需教育訓練費用	□ 有 □ 無	□ 解除／□終止契約 □ 違約金＿＿＿＿＿＿元 □ 其他
採購營業所需設備費用（包含招牌製作、裝潢	□ 有 □ 無	□ 解除／□終止契約 □ 違約金＿＿＿＿＿＿元 □ 其他
第一次進貨量（商品或原物料）	□ 有 □ 無	□ 解除／□終止契約 □ 違約金＿＿＿＿＿＿元 □ 其他
其他應於開店前支付予加盟總部或加盟總部所指定廠商費用	□ 有 □ 無	□ 解除／□終止契約 □ 違約金＿＿＿＿＿＿元 □ 其他

開店後所需支出費用及其分擔方式		
每月權利金	□ 有 □ 無	□ 解除／□ 終止契約 □ 違約金＿＿＿＿＿＿元 □ 其他
開店後所需教育訓練費用	□ 有 □ 無	□ 解除／□ 終止契約 □ 違約金＿＿＿＿＿＿元 □ 其他
其他應於開店前支付予加盟總部或加盟總部所指定廠商費用	□ 有 □ 無	□ 解除／□ 終止契約 □ 違約金＿＿＿＿＿＿元 □ 其他
營業內容、方式及限制		
營業登記	□ 有 □ 無	□ 解除／□ 終止契約 □ 違約金＿＿＿＿＿＿元 □ 其他
統一發票	□ 有 □ 無	□ 解除／□ 終止契約 □ 違約金＿＿＿＿＿＿元 □ 其他
行銷、廣告內容、方式及費用	□ 有 □ 無	□ 解除／□ 終止契約 □ 違約金＿＿＿＿＿＿元 □ 其他
每月應訂購項目、最低進貨量限制	□ 有 □ 無	□ 解除／□ 終止契約 □ 違約金＿＿＿＿＿＿元 □ 其他
商品、原物料或營業設備之品牌、規格、進貨廠商及費用	□ 有 □ 無	□ 解除／□ 終止契約 □ 違約金＿＿＿＿＿＿元 □ 其他
智慧財產權		
商標權、著作權	權利名稱	□ 有 □ 無	□ 解除／□ 終止契約 □ 違約金＿＿＿＿＿＿元 □ 其他
	使用範圍	□ 有 □ 無	□ 解除／□ 終止契約 □ 違約金＿＿＿＿＿＿元 □ 其他
	使用限制	□ 有 □ 無	□ 解除／□ 終止契約 □ 違約金＿＿＿＿＿＿元 □ 其他

營業秘密			
應保密人員	加盟者	□ 有 □ 無	□ 解除／□終止契約 □ 違約金＿＿＿＿＿＿元 □ 其他
	加盟店聘雇人員	□ 有 □ 無	□ 解除／□終止契約 □ 違約金＿＿＿＿＿＿元 □ 其他
保密內容		□ 有 □ 無	□ 解除／□終止契約 □ 違約金＿＿＿＿＿＿元 □ 其他
經營協助、訓練指導			
經營協助	派員駐點、視察或稽核	□ 有 □ 無	□ 解除／□終止契約 □ 違約金＿＿＿＿＿＿元 □ 其他
	提供法規協助	□ 有 □ 無	□ 解除／□終止契約 □ 違約金＿＿＿＿＿＿元 □ 其他
教育訓練	指導內容	□ 有 □ 無	□ 解除／□終止契約 □ 違約金＿＿＿＿＿＿元 □ 其他
	指導方式	□ 有 □ 無	□ 解除／□終止契約 □ 違約金＿＿＿＿＿＿元 □ 其他
	指導費用	□ 有 □ 無	□ 解除／□終止契約 □ 違約金＿＿＿＿＿＿元 □ 其他
監督管理	營運狀況報告及查核時間、地點、方式等	□ 有 □ 無	□ 解除／□終止契約 □ 違約金＿＿＿＿＿＿元 □ 其他
	報告及查核所需費用	□ 有 □ 無	□ 解除／□終止契約 □ 違約金＿＿＿＿＿＿元 □ 其他

加盟店之裝潢、招牌及其他營業設備修繕	☐ 加盟總部 ☐ 加盟者 負修繕義務	☐ 有 ☐ 無	☐ 解除／☐ 終止契約 ☐ 違約金＿＿＿＿＿＿元 ☐ 其他
	修繕費用	☐ 有 ☐ 無	☐ 解除／☐ 終止契約 ☐ 違約金＿＿＿＿＿＿元 ☐ 其他
經營規劃、展店計畫等			
商圈保障		☐ 有 ☐ 無	☐ 解除／☐ 終止契約 ☐ 違約金＿＿＿＿＿＿元 ☐ 其他
加盟店搬遷條件、費用等		☐ 有 ☐ 無	☐ 解除／☐ 終止契約 ☐ 違約金＿＿＿＿＿＿元 ☐ 其他
經營方案（是否有在同一區域設置其他加盟店、商圈保障等）		☐ 有 ☐ 無	☐ 解除／☐ 終止契約 ☐ 違約金＿＿＿＿＿＿元 ☐ 其他
預定計畫（近期展店計畫等）		☐ 有 ☐ 無	☐ 解除／☐ 終止契約 ☐ 違約金＿＿＿＿＿＿元 ☐ 其他
保證人			
拋棄先訴抗辯權		☐ 有 ☐ 無	☐ 解除／☐ 終止契約 ☐ 違約金＿＿＿＿＿＿元 ☐ 其他
更換保證人		☐ 有 ☐ 無	☐ 解除／☐ 終止契約 ☐ 違約金＿＿＿＿＿＿元 ☐ 其他
契約轉讓			
方式（書面）		☐ 有 ☐ 無	☐ 解除／☐ 終止契約 ☐ 違約金＿＿＿＿＿＿元 ☐ 其他
限制（是否應經加盟總部同意等）		☐ 有 ☐ 無	☐ 解除／☐ 終止契約 ☐ 違約金＿＿＿＿＿＿元 ☐ 其他

準據法、管轄法院			
準據法（因違約所生爭議應適用_____之法律）		□ 有 □ 無	□ 解除／□終止契約 □ 違約金_____元 □ 其他
管轄法院（因違約所生爭議應合意由_____法院為管轄法院）		□ 有 □ 無	□ 解除／□終止契約 □ 違約金_____元 □ 其他
解除、終止契約後限制			
競業禁止條款	內容	□ 有 □ 無	□ 解除／□終止契約 □ 違約金_____元 □ 其他
	期間		
	區域		

_____加盟店／公司勞動契約書

立契約書人：_____加盟店／公司（以下簡稱甲方）

_____（以下簡稱乙方）

雙方同意訂立契約條款如下，以茲共同遵守履行：

一、契約期間：

　　□不定期契約：甲方自____年____月____日起，僱用乙方為____。

　　　（註：請填職稱；例如：出納），如任一方須終止契約，悉依勞動基準法及有關法令規定辦理。

　　□定期契約：甲方自____年____月____日至____年____月____日，僱用乙方為_____，如任一方須終止契約，悉依《勞動基準法》及有關法令規定辦理。

　　　（※各公司應依《勞動基準法》第9條第1項規定簽訂不定期契約或定期契約，違者，依《勞動基準法》第79條第3項規定處以新臺幣2萬元以上30萬元以下罰鍰。）

二、工作項目：

　　乙方接受甲方之指導監督，從事下列工作：

　　〔例如：出納工作：（一）帳款之收取、登列。（二）員工薪資發放。（三）辦理員工勞工保險有關業務。（四）其他與上列各項相關事務。〕

三、工作地點：

　　請填寫乙方勞務提供之工作地點。

四、工作時間：

（一）乙方正常工作時間如下，每日不超過8小時，每週不超過40小時：

□ 週休二日：週一至週五＿＿＿：＿＿＿上班，＿＿＿：＿＿＿下班，＿＿＿：＿＿＿至＿＿＿：＿＿＿休息。

□ 其他：＿＿＿＿＿＿＿＿＿＿＿＿＿＿＿＿＿＿＿＿＿。

（※請各公司依實際選擇一項方案）

（二）甲方得視業務需要採輪班制或調整每日上下班時間。

（三）甲方因工作需要，要求乙方於工作日或休息日延長工作時間或休假日須照常工作時，工作日延長工作時間在2小時以內者，其延長工作時間之工資，按平日每小時工資額加給三分之一。再延長工作時間在2小時以內者，按平日每小時工資額加給三分之二。休息日延長工時在2小時以內者，其工資按平日每小時工資額另再加給一又三分之一以上，工作2小時後再繼續工作者，按平日每小時工資額另再加給一又三分之二以上。休假日（國定假日及特別休假日）出勤工作時，工資加倍發給。

（四）因天災、事變或突發事件，必須延長工作時間，或停止例假、國定假日、特別休假日必要照常工作時，工資加倍發給。事後並給予適當之休息或補假休息。

五、例假、（特別）休假、《勞動基準法》及相關法令規定的給假：

甲方依照「附件一：事業單位適用《勞動基準法》及相關法令規定給假一覽表」辦理。

六、工資：

（一）□工資採「按月計酬」，甲方每月給付乙方工資＿＿＿＿＿＿＿元；

□工資採「按時計酬」，甲方每小時給付乙方工資＿＿＿＿＿＿＿元；

（※請各公司依實際「按月計酬」或「按時計酬」選擇一項）

（二）經乙方同意發放工資時間如下，如遇例假或休假則（□提前□

順延）：

□每月一次：於每月_____日發放（□前月□當月□次月）
　之工資。

□每月二次：

　1、每月_____日發放（□前月□當月□次月）_____日至
　　（□前月□當月□次月）_____日之工資；

　2、每月_____日發放（□前月□當月□次月）_____日至
　　（□前月□當月□次月）_____日之工資。

□其他：＿＿＿＿＿＿＿＿＿＿＿＿＿＿＿＿＿＿＿＿＿＿

（三）甲方不得預扣乙方工資做為違約金或賠償費用。

七、請假：

乙方之請假依《勞動基準法》、《性別平等工作法》及《勞工請假規則》辦理。

八、終止契約：

（一）甲方預告終止契約：

　　甲方有《勞動基準法》第11條各款情形之一者，應依同法第16條、第17條、第84條之2或《勞工退休金條例》第12條規定辦理。

（二）甲方不經預告終止契約：

　　乙方有《勞動基準法》第12條第1項各款情形之一者，甲方得不經預告乙方終止契約，並依同法第18條規定不發資遣費。

（三）乙方預告終止契約：（特定性定期契約期限逾三年者適用）

　　乙方得依《勞動基準法》第15條第1項規定預告甲方終止本契約，依同法第18條規定，乙方不得向甲方請求加發預告期間工資及資遣費。

（四）乙方預告終止契約：（不定期契約）

　　乙方依《勞動基準法》第15條第2項規定預告甲方終止契約

時，其預告期間應準用同法第16條第1項規定。

（五）乙方不經預告終止契約：

　　甲方有《勞動基準法》第14條第1項各款情形之一者，乙方得不經預告甲方終止契約，並得依同法第17條、第84條之2或《勞工退休金條例》第12條規定請求甲方給付資遣費。

九、退休：

（一）乙方符合《勞動基準法》第53條各款規定情形之一者，自（申）請退休時，甲方應依《勞動基準法》及相關法令規定辦理。

（二）甲方依《勞動基準法》第54條各款規定情形之一者，強制乙方退休時，應依《勞動基準法》及相關法令規定辦理。

十、職業災害及普通傷病補助：

甲方應依《勞動基準法》、《職業災害勞工保護法》、《勞工職業災害保險及保護法》、《勞工保險條例》及相關法令規定辦理。

十一、福利：

（一）甲方應依法令規定，為乙方辦理勞工保險、全民健康保險。

（二）乙方在本契約有效期間，享受甲方事業單位內之各項福利設施及規定。

十二、考核及獎懲：

乙方之考核及獎懲依甲方所訂工作規則或人事規章規定辦理。

十三、服務與紀律：

（一）乙方應遵守甲方訂定的工作規則或人事規章，並應謙和、誠實、謹慎、主動、積極從事工作。

（二）乙方所獲悉甲方關於營業上、技術上之祕密，不得洩漏。

（三）乙方於工作上應接受甲方各級主管之指揮監督。

（四）乙方在工作時間內，非經主管允許，不得擅離工作崗位。

（五）乙方應接受甲方舉辦之各種勞工教育、訓練及集會。

十四、安全衛生；

甲、乙雙方應遵守《職業安全衛生法》及相關法令規定。

十五、權利義務之其他依據：

甲、乙雙方於勞動契約存續期間之權利義務關係，悉依本契約規定辦理，本契約未規定事項，依工作規則或人事規章或政府有關法令規定辦理。

十六、契約修訂：

本契約經雙方同意，得以書面隨時修訂。

十七、契約之存執：

本契約書1式2份，雙方各執1份為憑。

立契約書人：

　　　　　　　　　甲　方：○○○○○○公司（蓋公司印章）

　　　　　　　　　代 表 人：○○○（簽名蓋章）

　　　　　　　　　公司執照字號：

　　　　　　　　　乙　方：○○○（簽名蓋章）

　　　　　　　　　地　址：

　　　　　　　　　身分證統一編號：

中華民國　　　　　　　　年　　　　月　　　　日

附件一：

事業單位適用《勞動基準法》及相關規定給假一覽表			
假別	給假天數	工資給與	備註
婚假	勞工結婚者給予婚假8日。	工資照給。	一、本表係依《勞動基準法》、《性別平等工作法》、《勞工請假規則》編製，事業單位給假如有優於法令者，從其規定。 二、婚假應自結婚之日前10日起3個月內請畢。但經雇主同意者，得於1年內請畢。 三、喪假，勞工如因禮俗原因，得於百日內申請分次給假。 四、勞工事假、普通傷病假、婚假、喪假期間，除延長假期在1個月以上者外，如遇休息日、例假、休假日，應不計入請假期內。 五、產假係以事實認定為準，不論已婚或未婚。 六、勞工依《性別平等工作法》第15條規定請1星期及5日之產假時，雇主不得視為缺勤而影響其全勤獎金、考績或為其他不利之處分。如勞工依
事假	勞工因有事故必須親自處理者，得請事假，1年內合計不得超過14日。	不給工資。	
普通傷病假	一、未住院者，1年內合計不得超過30日。 二、住院者，2年內合計不得超過1年。 三、未住院傷病假與住院傷病假2年內合計不得超過1年。 經醫師診斷，罹患癌症（含原位癌）採門診方式治療或懷孕期間需安胎休養者，其治療或休養期間，併入住院傷病假計算。 普通傷病假超過前開規定之期限，經以事假或特別休假抵充後仍未痊癒者，得予留職停薪，但以1年為限。逾期未癒者得予資遣，其符合退休要件者，應發給退休金。	普通傷病假1年內未超過30日部分，工資折半發給，其領有勞工保險普通傷病給付未達工資半數者，由雇主補足之。	
生理假	女性受僱者因生理日致工作有困難者，每月得請生理假1日，全年請假日數未逾3日，不併入病假計算，其餘日數併入病假計算。	併入及不併入病假之生理假薪資，減半發給。	
喪假	一、父母、養父母、繼父母、配偶喪亡者，給予喪假8日。 二、祖父母、子女、配偶之父母、配偶之養父母或繼父母喪亡者，給予喪假6日。 三、曾祖父母、兄弟姊妹、配偶之祖父母喪亡者，給予喪假3日。	工資照給。	

公傷病假	因職業災害而致殘廢、傷害或疾病者，其治療、休養期間，給予公傷病假。	一、按其原領工資數額予以補償。 二、如同一事故，依《勞工保險條例》或其他法令規定，已由雇主支付費用補償者，雇主得予以抵充之。	《勞工請假規則》請普通傷病假，則雇主應依《勞工請假規則》第4條第3項規定，就普通傷病假1年內未超過30日部分，折半發給工資。 七、雇主不得因勞工請婚假、喪假、生理假、產檢假、陪產檢及陪產假、家庭照顧假、公傷病假及公假，扣發全勤獎金。勞工產假、特別休假期間，不應視為缺勤而影響全勤獎金之發給。 八、事業單位依《勞動基準法》第30條第2項規定實施5天工作制時，雇主給予勞工特別休假及婚假得以每日8小時乘以應給假日數計給之，至於喪假、病假及事假亦可依上開方式計給之。惟產假無論勞工每日之工作時數多寡，均應以曆日之1日為計算單位。
公假	奉派出差、考察、訓練、兵役召集及其他法令規定應給公假等，依實際需要天數給予公假。	工資照給。	
家庭照顧假	於其家庭成員預防接種、發生嚴重之疾病或其他重大事故須親自照顧時，得請家庭照顧假，其請假日數併入事假計算，全年以7日為限。	不給工資。	
產檢假	妊娠期間，應給予產檢假7日。	工資照給。（逾5日之部分得向中央主管機關申請補助。但依其他法令規定，應給予產檢假、陪產檢及陪產假各逾5日且薪資照給者，不適用之。前項補助業務，由中央主管機關委任勞動部勞工保險局辦理之。）	

陪產檢及陪產假	於陪伴其配偶妊娠產檢或分娩時，應給予陪產假7日。 陪產檢於配偶妊娠期間請假；陪產之請假應於配偶分娩之當日及其前後合計15日期間內。	工資照給。（逾5日之部分得向中央主管機關申請補助。但依其他法令規定，應給予產檢假、陪產檢及陪產假各逾5日且薪資照給者，不適用之。前項補助業務，由中央主管機關委任勞動部勞工保險局辦理之。）	九、《勞動基準法》第36條規定：「勞工每7日中應有2日之休息，其中1日為例假，1日為休息日。」所謂「1日」係指連續24小時而言。
產假	一、分娩前後，應停止工作，給予產假8星期。 二、妊娠5個月（20週）以上分娩者，無論死產或活產，給予產假8星期，以利母體調養恢復體力。 三、妊娠3個月（12週）以上流產者，應停止工作，給予產假4星期。 四、妊娠2個月（8週）以上未滿3個月（12週）流產者，應停止工作，給予產假1星期。 五、妊娠未滿2個月（8週）流產者，應停止工作，給予產假5日。	一、受僱工作在6個月以上者，停止工作期間工資照給，未滿6個月者減半發給。 二、妊娠未滿3個月流產者，可依《性別平等工作法》第15條規定請1星期及5日之產假，雇主不得拒絕。依《勞動基準法》及《性別平等工作法》並無規定，前開產假期間薪資之計算，請勞資雙方議定之。	十、例假為強制規定，雇主如非因《勞動基準法》第40條所列天災、事變或突發事件等法定原因，縱使勞工同意，亦不得使勞工在該假日工作。 十一、前行政院勞工委員會（現已改制為勞動部）指定適用《勞動基準法》第30條之1之行業可依該規定調整例假。 十二、前行政院勞委員會（現已改制為勞動部）94年6月8日勞動2字第0940029639號公告勞工請假規則第三條修正（喪假）上述公告所稱之祖父母或配偶之祖父母（均含母之父母。）

		三、妊娠未滿3個月流產，如未請產假而依《勞工請假規則》請普通傷病假，雇主不得因此扣發全勤獎金。	
例假（及休息日）	勞工每7日中應有2日之休息，其中1日為例假，1日為休息日。	工資照給。	
休假	內政部所定應放假之紀念日、節日、勞動節及其他中央主管機關指定應放假之日，均應休假。	工資照給。	
特別休假	勞工在同一雇主或事業單位，繼續工作滿一定期間者，每年應依下列規定給予特別休假： 一、6個月以上1年未滿者，3日。 二、1年以上2年未滿者，7日。 三、2年以上3年未滿者，10日。 四、3年以上5年未滿者，每年14日。 五、5年以上10年未滿者，每年15日。 六、10年以上者，每1年加給1日，加至30日為止。	工資照給。	

公平交易委員會對於加盟業主經營行為案件之處理原則

一、為維護連鎖加盟交易秩序，確保加盟事業自由與公平競爭，有效處理加盟業主經營加盟業務行為涉及違反公平交易法規定案件，特訂定本處理原則。

二、本處理原則之名詞定義如下：

（一）加盟業主，指在加盟經營關係中提供商標或經營技術等授權，協助或指導加盟店經營，並收取加盟店支付對價之事業。

（二）加盟店，指在加盟經營關係中，使用加盟業主提供之商標或經營技術等，並接受加盟業主協助或指導，對加盟業主支付一定對價之他事業。

（三）加盟經營關係，指加盟業主透過契約之方式，將商標或經營技術等授權加盟店使用，並協助或指導加盟店之經營，而加盟店對此支付一定對價之繼續性關係。但不包括單純以相當或低於批發價購買商品或服務（以下簡稱商品）再為轉售或出租等情形。

（四）預備加盟經營關係，指加盟業主與交易相對人於締結加盟經營關係前，由交易相對人支付一定費用，並簽訂草約、預約單、意向書等加盟相關文件，且約定如退出將沒收已繳費用或負賠償責任之關係。

（五）支付一定對價，指加盟店為締結加盟經營關係，所支付予加盟業主或其指定之人之加盟金、權利金、教育訓練費、購買商品、原物料、資本設備、裝潢工程等相關費用。

三、加盟業主於招募加盟過程中，未於締結加盟經營關係或預備加盟經營關係之十日前、個案認定合理期間或雙方約定期間，提供下列加盟重要資訊予交易相對人審閱，構成顯失公平行為，但有正當理由而

未提供資訊者，不在此限：

（一）開始營運前之各項費用：如加盟金、教育訓練費、購買商品、原物料、資本設備、裝潢工程等，支付予加盟業主或其指定之人之相關費用，其金額或預估金額。

（二）加盟營運期間之各項費用：如權利金之計收方式，及經營指導、行銷推廣、購買商品或原物料等，應支付予加盟業主或其指定之人之費用，其金額或預估金額。

（三）授權加盟店使用商標權、專利權及著作權等智慧財產權之權利名稱、使用範圍與各項限制條件。

（四）經營協助及訓練指導之內容與方式。

（五）加盟店所在營業區域設置同一加盟體系之經營方案或預定計畫。

（六）加盟契約存續期間，對於加盟經營關係之限制，例如：

1. 商品或原物料須向加盟業主或其指定之人購買、須購買指定之品牌及規格。

2. 商品或原物料每次應訂購之項目及最低數量。

3. 資本設備須向加盟業主或其指定之人購買、須購買指定之規格。

4. 裝潢工程須由加盟業主指定之承攬施工者定作、須定作指定之規格。

5. 其他加盟經營關係之限制事項。

（七）加盟契約變更、終止及解除之條件及處理方式。

前項各款資訊，加盟業主得以紙本、電子郵件、電子儲存裝置、社群媒體或通訊軟體等方式提供。對於資訊提供之有無，加盟業主應提出證明。

第一項所稱之正當理由如下：

（一）原有加盟經營關係之繼續或擴展。

（二）加盟業主客觀上欠缺該款資訊。

（三）其他加盟業主與交易相對人間未具資訊不對稱關係之情

形。

四、加盟業主與交易相對人簽訂加盟經營關係相關契約，不得為下列顯失公平行為：

   （一）簽約前未給予交易相對人至少五日或個案認定之合理契約審閱期間。

   （二）簽約日起三十日內，未交付契約予交易相對人。但因不可歸責加盟業主之事由，致交付契約遲延者，不在此限（如：加盟店位處離島或偏遠地區、辦理不動產抵押權作業流程非因可歸責加盟業主之事由、或可歸責加盟店之事由等情形，而致不及交付契約）。

五、事業違反第三點、第四點規定，且足以影響交易秩序者，構成公平交易法第二十五條之違反。

六、加盟業主經營行為除受本處理原則規範外，仍應適用「公平交易委員會對於公平交易法第二十一條案件之處理原則」、「公平交易委員會對於比較廣告案件之處理原則」、「公平交易委員會對於公平交易法第二十五條案件之處理原則」等規定。

公平交易委員會對於《公平交易法》
第二十五條案件之處理原則

第 1 條

一、（目的）鑒於公平交易法第二十五條（以下簡稱本條）為一概括性規定，為使其適用具體化、明確化與類型化，特訂定本處理原則。

第 2 條

二、（公平交易法第二十五條適用之基本原則）為釐清本條與民法、消費者保護法等其他法律相關規定之區隔，應以「足以影響交易秩序」之要件，作為篩選是否適用公平交易法或本條之準據，即於系爭行為對於市場交易秩序足生影響時，本會始依本條規定受理該案件；倘未合致「足以影響交易秩序」之要件，則應請其依民法、消費者保護法或其他法律請求救濟。

本條係補遺性質之概括條款，蓋事業競爭行為之態樣繁多，公平交易法無法一一列舉，為避免有所遺漏或不足，故以本條補充適用之。是以，本條除得作為公平交易法其他條文既有違法行為類型之補充規定外，對於與既有違法行為類型無直接關聯之新型行為，亦應依據公平交易法之立法目的及本條之規範意旨，判斷有無本條補充適用之餘地（即「創造性補充適用」）。

本條與公平交易法其他條文適用之區隔，應有「補充原則」之適用，適用時應先檢視「限制競爭」之規範（獨占、結合、聯合行為及垂直限制競爭等），再行檢視「不公平競爭」之規範（如不實廣告、營業誹謗等）是否未窮盡規範系爭行為之不法內涵，而容有適用本條之餘地。即本條僅能適用於公平交易法其他條文規定所未涵蓋之行為，若公平交易法之其他條文規定對於某違法行為之規範已涵蓋殆盡，即該個別規定已充分評價該行為之不法性，或該個別規定已窮盡規範該行

為之不法內涵，則該行為僅有構成或不構成該個別條文規定的問題，而無再就本條加以補充規範之餘地。反之，如該個別條文規定評價該違法行為後仍具剩餘之不法內涵時，始有以本條加以補充規範之餘地。

關於「維護消費者權益」方面，則應檢視系爭事業是否係利用資訊之不對稱或憑仗其相對之市場優勢地位，以「欺罔」或「顯失公平」之交易手段，使消費者權益遭受損害，並合致「足以影響交易秩序」之要件，以為是否適用本條規定之判斷準據。

第 3 條

三、（本條與其他法律適用之區別）本條對事業之規範，常與其他法律有適用上之疑義，應考慮下列事項判斷之：

（一）按事業與事業或消費者間之契約約定，係本於自由意思簽定交易條件，無論其內容是否有失公平或事後有無依約履行，此契約行為原則上應以民事契約法規範之。惟當系爭行為危及競爭秩序或市場交易秩序時，始有本條適用之餘地。例如在契約內容顯失公平部分，倘未合致「足以影響交易秩序」之要件，則應循民事救濟途徑解決；僅於合致前開要件，考慮市場交易秩序之公共利益受妨害時，始由本條介入規範。

（二）消費者權益之保護固為公平交易法第一條所明定之立法目的，惟為區別兩者之保護法益重點，本條對於消費者權益之介入，應以規範合致「足以影響交易秩序」之要件且涉及公共利益之行為為限，如廠商之於消費者具資訊不對稱或相對市場優勢地位，或屬該行業之普遍現象，致多數消費者無充分之資訊以決定交易、高度依賴而無選擇餘地，或廣泛發生消費者權益受損之虞之情形。

第 4 條

四、（本條與公平交易法其他條款規定之區隔適用）適用本條之規

定，應符合「補充原則」，即本條僅能適用於公平交易法其他條文規定所未涵蓋之行為，若公平交易法之其他條文規定對於某違法行為已涵蓋規範殆盡，即該個別條文規定已充分評價該行為之不法性，或該個別條文規定已窮盡規範該行為之不法內涵，則該行為僅有構成或不構成該個別條文規定的問題，而無再依本條加以補充規範之餘地。反之，如該個別條文規定不能充分涵蓋涉案行為之不法內涵者，始有以本條加以補充規範之餘地。

第 5 條

五、（判斷足以影響交易秩序之考慮事項）本條所稱交易秩序，泛指一切商品或服務交易之市場經濟秩序，可能涉及研發、生產、銷售與消費等產銷階段，其具體內涵則為水平競爭秩序、垂直交易關係中之市場秩序、以及符合公平競爭精神之交易秩序。

判斷是否「足以影響交易秩序」時，可考慮受害人數之多寡、造成損害之量及程度、是否會對其他事業產生警惕效果、是否為針對特定團體或組群所為之行為、有無影響將來潛在多數受害人之效果，以及行為所採取之方法手段、行為發生之頻率與規模、行為人與相對人資訊是否對等、糾紛與爭議解決資源之多寡、市場力量大小、有無依賴性存在、交易習慣與產業特性等，且不以其對交易秩序已實際產生影響者為限。至單一個別非經常性之交易糾紛，原則上應尋求民事救濟，而不適用本條之規定。

第 6 條

六、（判斷欺罔之考慮事項）本條所稱欺罔，係對於交易相對人，以欺瞞、誤導或隱匿重要交易資訊致引人錯誤之方式，從事交易之行為。

前項所稱之重要交易資訊，係指足以影響交易決定之交易資訊；所稱引人錯誤，則以客觀上是否會引起一般大眾所誤認或交易相對人受騙之合理可能性（而非僅為任何想像上可能）為判斷標準。衡量交易相

對人判斷能力之標準，以一般大眾所能從事之「合理判斷」為基準（不以極低或特別高之注意程度為判斷標準）。

欺罔之常見行為類型例示如下：

（一）冒充或依附有信賴力之主體，如：

    1. 瓦斯安全器材業者藉瓦斯防災宣導或瓦斯安全檢查等名義或機會銷售瓦斯安全器材，使民眾誤認而與其交易。

    2. 依附政府機關或公益團體活動行銷商品，使民眾誤認其與政府機關或公益團體相關而與其交易。

    3. 冒充或依附知名事業或組織從事交易。

（二）未涉及廣告之不實促銷手段。

（三）隱匿重要交易資訊，如：

    1. 不動產經紀業者從事不動產買賣之仲介業務時，未以書面告知買方斡旋金契約與內政部版「要約書」之區別及其替代關係，或對賣方隱瞞已有買方斡旋之資訊。

    2. 預售屋之銷售，就未列入買賣契約共有部分之項目，要求購屋人找補價款。

    3. 行銷商品時隱瞞商品不易轉售之特性，以欺罔或隱匿交易資訊之方法使交易相對人誤認可獲得相當之轉售利益而作出交易決定。

    4. 以贊助獎學金之名義推銷報紙。

    5. 假藉健康檢查之名義推銷健康器材。

    6. 航空業者宣稱降價，卻隱匿艙位比例大幅變化，致無法依過往銷售情形合理提供對外宣稱降價之低價艙位數量之資訊。

第 7 條

七、（判斷顯失公平之考慮事項）

本條所稱顯失公平，係指以顯然有失公平之方法從事競爭或營業交易者。顯失公平之行為類型例示如下：

（一）以損害競爭對手為目的之阻礙競爭，如：

1. 進行不當商業干擾，如赴競爭對手交易相對人之處所，散布競爭對手侵權之言論。

2. 不當散發侵害智慧財產權之警告函：事業以警告函等書面方式對其自身或他事業之交易相對人或潛在交易相對人，散發他事業侵害其著作權、商標權或專利權之行為。

3. 以新聞稿或網站等使公眾得知之方式，散布競爭對手侵權之訊息，使交易相對人產生疑慮。

（二）榨取他人努力成果，如：

1. 使用他事業名稱作為關鍵字廣告，或以使用他事業名稱為自身名稱、使用與他事業名稱、表徵或經營業務等相關之文字為自身營運宣傳等方式攀附他人商譽，使人誤認兩者屬同一來源或有一定關係，藉以推展自身商品或服務。

2. 以他人表徵註冊為自身網域名稱，增加自身交易機會。

3. 利用網頁之程式設計，不當使用他人表徵，增進自身網站到訪率。

4. 抄襲他人投入相當努力建置之網站資料，混充為自身網站或資料庫之內容，藉以增加自身交易機會。

5. 真品平行輸入，以積極行為使人誤認係代理商進口銷售之商品。

（三）不當招攬顧客：以脅迫或煩擾等不正當方式干擾交易相對人之交易決定，如以一對一緊迫釘人、長時間疲勞轟炸或趁消費者窘迫或接受瘦身美容服務之際從事銷售。

（四）不當利用相對市場優勢地位：

若交易相對人對事業不具有足夠且可期待之偏離可能性時，應認有依賴性存在，該事業具相對市場優勢地位。具相對市場優勢地位之事業，不得濫用其市場地位。濫用相對市場優勢地位之情形如：

1. 鎖入：如電梯事業利用安裝完成後相對人對其具有經濟上依賴性而濫用其相對優勢地位之行為（惟如構成公平交易法第二十

條應先依該條處斷），如收取無關之費用或迫使使用人代替他人清償維修糾紛之款項。

2. 流通事業未事先與交易相對人進行協商，並以書面方式訂定明確之下架或撤櫃條件或標準，而不當要求交易相對人下架、撤櫃或變更交易條件，且未充分揭露相關佐證資料。

3. 影片代理商於他事業標得視聽資料採購案後，即提高對該事業之交易條件。

4. 代為保管經銷契約，阻礙經銷商行使權利。

5. 專利權人要求被授權人提供與權利金無關之敏感性資訊。

（五）利用資訊不對稱之行為，如：

1. 加盟業主於招募加盟過程中，未以書面提供交易相對人加盟重要資訊，或未給予合理契約審閱期間。

2. 不動產開發業者或不動產經紀業者銷售預售屋時，未以書面提供購屋人重要交易資訊，或不當限制購屋人之契約審閱。

（六）補充公平交易法限制競爭行為之規定，如補充聯合行為之規定：非適用政府採購法案件之借牌參標。

（七）妨礙消費者行使合法權益：如不動產開發業者與購屋人締結預售屋買賣契約後，未交付契約書或要求繳回。

（八）利用定型化契約之不當行為，如：

1. 於定型化契約中訂定不公平之條款，如限制訪問交易之猶豫期間解約權、解約時除返還商品外並需給付分期付款中未到期餘額之一定比例作為賠償、解約時未使用之課程服務亦需全額繳費、契約發生解釋爭議時以英文為準。

2. 瓦斯公用事業強制後用戶負擔前用戶之欠費。

判斷事業未揭露重要交易資訊而與交易相對人從事交易之行為，究屬本條所稱之欺罔或顯失公平，應考慮該事業是否居於交易資訊之優勢地位。如本會已針對居於交易資訊優勢地位之特定行業，明定其資訊揭露義務（如加盟業主對於加盟重要資訊之揭露義務），事業違反該資訊揭露義務時，即應以顯失公平論斷。

第 8 條

八、（常見行為類型例示規定之釐清）第六點第三項及前點第二項規
定，僅係例示若干常見之欺罔及顯失公平行為類型，違反本條規定之
情形不以此為限，仍須就特定行為處理原則（或規範說明）及個案具
體事實加以認定。

第 9 條

九、（高度抄襲行為得另循民事途徑）事業因他事業涉及未合致公平
交易法第二十二條之高度抄襲行為而受有損害者，得循公平交易法民
事救濟途徑解決。

加盟業主經營行為違反《公平交易法》第二十五條案例類型

類型	說明
隱匿加盟重要資訊	加盟業主於招募加盟過程中，未於締結加盟經營關係或預備加盟經營關係之10日前、個案認定合理期間或雙方約定期間，提供下列加盟重要資訊予交易相對人審閱，構成顯失公平行為，但有正當理由而未提供資訊者，不在此限： 一、開始營運前之各項費用：如加盟金、教育訓練費、購買商品、原物料、資本設備、裝潢工程等，支付予加盟業主或其指定之人之相關費用，其金額或預估金額。 二、加盟營運期間之各項費用：如權利金之計收方式，及經營指導、行銷推廣、購買商品或原物料等，應支付予加盟業主或其指定之人之費用，其金額或預估金額。 三、授權加盟店使用商標權、專利權及著作權等智慧財產權之權利名稱、使用範圍與各項限制條件。 四、經營協助及訓練指導之內容與方式。 五、加盟店所在營業區域設置同一加盟體系之經營方案或預定計畫。 六、加盟契約存續期間，對於加盟經營關係之限制，例如： （1）商品或原物料須向加盟業主或其指定之人購買、須購買指定之品牌及規格。 （2）商品或原物料每次應訂購之項目及最低數量。 （3）資本設備須向加盟業主或其指定之人購買、須購買指定之規格。 （4）裝潢工程須由加盟業主指定之承攬施工者定作、須定作指定之規格。 （5）其他加盟經營關係之限制事項。 七、加盟契約變更、終止及解除之條件及處理方式。 前項各款資訊，加盟業主得以紙本、電子郵件、電子儲存裝置、社群媒體或通訊軟體等方式提供。對於資訊提供之有無，加盟業主應提出證明。

未提供契約合理審閱期間或拒絕交付契約書	加盟業主與交易相對人簽訂加盟經營關係相關契約,不得為下列顯失公平行為: (1) 簽約前未給予交易相對人至少5日或個案認定之合理契約審閱期間。 (2) 簽約日起30日內,未交付契約予交易相對人。但因不可歸責加盟業主之事由,致交付契約遲延者,不在此限(如:加盟店位處離島或偏遠地區、辦理不動產抵押權作業流程非因可歸責加盟業主之事由、或可歸責加盟店之事由等情形,而致不及交付契約)。

(註:上開行為類型係加盟業主與有意加盟者間交易行為,非屬消費關係,不適用消費者保護法。)

(資料來源:公平交易委員會)

訂閱式
法律顧問專案

貴公司是否常年提撥法律顧問預算，
卻發現實際需求遠低於預算成本？

貴公司是否無法即時與顧問律師進行聯繫？

貴公司是否會因為顧問品質不佳，
卻受限於合約年限尚未屆期無法解約？

若各位閱讀本書後，對於創業加盟者或加盟總部所會面臨到的法律問題覺得自己都能迎刃而解，那麼恭喜您，也祝福您往後都順利；若您閱讀了本書，覺得想找個律師事務所做長期的法律顧問，不妨考慮可道律師事務所推出法律顧問的方案吧！與一般法律事務所以每年度付費的方式不同，我們的方案主打訂閱式、可儲值、可轉讓的特色，不用擔心一年內用不到幾次卻要每年都付錢，購買的點數除了能供親朋好友使用，送禮自用兩相宜外，更不會因一年到期而失效，點數可以使用到用完為止，因此若有創業加盟者或加盟總部的朋友看了本書後，對於法律顧問有興趣者，也能夠從本書內容得知本所相關資訊哦，若承蒙您的信賴，本所絕對為您的權益赴湯蹈火全力以赴。

本事務所除專責辦理各項民、刑事案件外，針對勞資、工程、公司治理、商標等相關議題亦長期關注，並且著有《別讓買房變成你的惡夢》、《別讓勞資爭議損害你的權益》、《醫療機構不可不知的法律風險》等書，目前擔任多家公司之法律顧問，如今，更花費心思讓所內律師專研醫療相關法律案例，對於醫療機構可能面臨的相關法律問題有一定實務經驗。

服 / 務 / 內 / 容

一、 不限時數的法律諮詢、提供法律意見（包含電話諮詢、到所與律師面談）。

二、法律文件撰擬、訴訟案件均享有優惠，包含以下事項：

（一）一般民、刑事案件訴訟程序：出席庭期、撰擬書狀

（二）撰擬文書，包含審查公司經營相關契約、勞動契約、公司工作規則、
協議書、和解書、切結書、授權書、存證信函或律師函等相關合約文
件撰擬、審閱服務。

（三）資產管理、債權催收、催收相關法院非訟事件等法律服務。

訂 / 閱 / 方 / 式

一、 本合約服務報酬為每一點數新台幣1萬元，但服務項目相關行政規費由甲方
負擔。

二、 訴訟案件及撰擬文件委任費用以上開說明為原則，但實際以乙方報價為準。

三、 合約期間及終止：本合約生效後，雙方得隨時終止本合約且不退還服務報
酬，但已給付之服務報酬可保留並折抵委任費用。

四、 合約生效：本合約於甲方給付服務報酬予乙方後始生效力。

可道律師事務所
LINE@官方帳號： @taipei_lawyer
聯絡電話：(02)-2976-1611
地址：新北市三重區重新路一段50號3樓
（捷運台北橋站出口右轉）

國家圖書館出版品預行編目資料

連鎖加盟業不可不知的法律風險／可道律師事務所編著. -- 初版.
-- 臺北市：商周出版，城邦文化事業股份有限公司出版：英屬
蓋曼群島商家庭傳媒股份有限公司城邦分公司發行，2024.12
208面；14.8×21公分
ISBN 978-626-390-310-4（平裝）

1. CST：企業法規　2. CST：連鎖商店　3. CST：加盟企業
494.023   113014959

連鎖加盟業不可不知的法律風險

編　　著　　者	／可道律師事務所
企　畫　選　書	／楊如玉
責　任　編　輯	／魏麗萍

版　　　　　權	／吳亭儀
行　銷　業　務	／周丹蘋、林詩富
總　　編　　輯	／楊如玉
總　　經　　理	／彭之琬
事業群總經理	／黃淑貞
發　　行　　人	／何飛鵬
法　律　顧　問	／元禾法律事務所　王子文律師
出　　　　　版	／商周出版
	城邦文化事業股份有限公司
	台北市115020南港區昆陽街16號4樓
	電話：(02) 2500-7008　傳真：(02) 2500-7579
	E-mail：bwp.service@cite.com.tw
發　　　　　行	／英屬蓋曼群島商家庭傳媒股份有限公司城邦分公司
	台北市南港區昆陽街16號8樓
	書虫客服服務專線：(02) 2500-7718．(02) 2500-7719
	24小時傳真服務：(02) 2500-1990．(02) 2500-1991
	服務時間：週一至週五09:30-12:00．13:30-17:00
	劃撥帳號：19863813　戶名：書虫股份有限公司
	讀者服務信箱E-mail：service@readingclub.com.tw
	城邦讀書花園 網址：www.cite.com.tw
香港發行所	／城邦（香港）出版集團有限公司
	香港九龍土瓜灣土瓜灣道86號順聯工業大廈6樓A室
	電話：(852) 2508-6231　　傳真：(852) 2578-9337
	E-mail：hkcite@biznetvigator.com
馬新發行所	／城邦（馬新）出版集團 Cité (M) Sdn. Bhd.
	41, Jalan Radin Anum, Bandar Baru Sri Petaling,
	57000 Kuala Lumpur, Malaysia
	電話：(603) 9057-8822　傳真：(603) 9057-6622
	services@cite.my
	E-mail：service@cite.my

封　面　設　計	／李東記
內　文　排　版	／新鑫電腦排版工作室
印　　　　　刷	／高典印刷有限公司
經　　銷　　商	／聯合發行股份有限公司
	電話：(02) 2917-8022　傳真：(02) 2911-0053
	地址：新北市231新店區寶橋路235巷6弄6號2樓

■2024年12月 初版
定價 330 元

Printed in Taiwan
城邦讀書花園
www.cite.com.tw

商周出版

115020台北市南港區昆陽街16號8樓

英屬蓋曼群島商家庭傳媒股份有限公司　城邦分公司

- -

請沿虛線對摺，謝謝！

商周出版

| 書號：BK5226 | 書名：連鎖加盟業不可不知的法律風險 | 編碼： |

讀者回函卡

感謝您購買我們出版的書籍！請費心填寫此回函卡，我們將不定期寄上城邦集團最新的出版訊息。

線上版讀者回函

姓名：＿＿＿＿＿＿＿＿＿＿＿＿＿＿＿＿＿＿＿＿ 性別：□男 □女

生日：西元＿＿＿＿＿＿年＿＿＿＿＿＿月＿＿＿＿＿＿日

地址：＿＿＿＿＿＿＿＿＿＿＿＿＿＿＿＿＿＿＿＿＿＿＿＿＿＿＿

聯絡電話：＿＿＿＿＿＿＿＿＿ 傳真：＿＿＿＿＿＿＿＿＿

E-mail：

學歷：□ 1. 小學 □ 2. 國中 □ 3. 高中 □ 4. 大學 □ 5. 研究所以上

職業：□ 1. 學生 □ 2. 軍公教 □ 3. 服務 □ 4. 金融 □ 5. 製造 □ 6. 資訊

　　　□ 7. 傳播 □ 8. 自由業 □ 9. 農漁牧 □ 10. 家管 □ 11. 退休

　　　□ 12. 其他＿＿＿＿＿＿＿＿＿＿＿＿

您從何種方式得知本書消息？

　　　□ 1. 書店 □ 2. 網路 □ 3. 報紙 □ 4. 雜誌 □ 5. 廣播 □ 6. 電視

　　　□ 7. 親友推薦 □ 8. 其他＿＿＿＿＿＿＿＿＿＿

您通常以何種方式購書？

　　　□ 1. 書店 □ 2. 網路 □ 3. 傳真訂購 □ 4. 郵局劃撥 □ 5. 其他＿＿＿＿

您喜歡閱讀那些類別的書籍？

　　　□ 1. 財經商業 □ 2. 自然科學 □ 3. 歷史 □ 4. 法律 □ 5. 文學

　　　□ 6. 休閒旅遊 □ 7. 小說 □ 8. 人物傳記 □ 9. 生活、勵志 □ 10. 其他

對我們的建議：＿＿＿＿＿＿＿＿＿＿＿＿＿＿＿＿＿＿＿＿＿＿

　　　　　　　＿＿＿＿＿＿＿＿＿＿＿＿＿＿＿＿＿＿＿＿＿＿＿＿

　　　　　　　＿＿＿＿＿＿＿＿＿＿＿＿＿＿＿＿＿＿＿＿＿＿＿＿